阅读成就思想……

Read to Achieve

心理成长系列

拖延心理学

行动版

THE ANTI-PROCRASTINATION HABIT
A Simple Guide to Mastering Difficult Tasks

［美］S. J. 斯科特（S. J. Scott） 著

王斐 译

中国人民大学出版社
· 北京 ·

图书在版编目（CIP）数据

拖延心理学：行动版/（美）S. J. 斯科特（S. J. Scott）著；
王斐译 .—北京：中国人民大学出版社，2019.5
书名原文：The Anti-Procrastination Habit：A Simple Guide to Mastering Difficult Tasks
ISBN 978-7-300-26872-9

Ⅰ. ①拖⋯ Ⅱ. ①S⋯ ②王⋯ Ⅲ. ①成功心理－通俗读物 Ⅳ. ① B848.4-49

中国版本图书馆 CIP 数据核字 (2019) 第 066323 号

拖延心理学（行动版）

[美] S. J. 斯科特（S. J. Scott） 著
王斐 译
Tuoyan Xinlixue (Xingdongban)

出版发行	中国人民大学出版社	
社　　址	北京中关村大街 31 号	邮政编码　100080
电　　话	010-62511242（总编室）	010-62511770（质管部）
	010-82501766（自营网店）	010-62514148（明德书店）
	010-62511173（销售部）	010-62515275（盗版举报）
网　　址	http://www.crup.com.cn	
经　　销	新华书店	
印　　刷	天津中印联印务有限公司	
开　　本	890 mm×1240 mm　1/32	版　次　2019 年 5 月第 1 版
印　　张	5.25　插页 1	印　次　2025 年 10 月第 15 次印刷
字　　数	90 000	定　价　59.00 元

版权所有　　侵权必究　　印装差错　　负责调换

推荐序

赵小明
中国心理卫生协会心理咨询与治疗专业委员会文化心理组委员
央视财经频道《职场健康》栏目特约心理专家
央视少儿频道《极速少年》栏目特邀心理专家与节目顾问

拖延症可能是世界上人数最多的一种"绝症",非常普遍,几乎人人都有做事拖延、拖拉的经历。举例来说,开饭了,我们停不下手上的游戏、聊天等,往往拖上一会儿再上桌;时间已经到半夜 12:00 了,但还是不舍得放下手机睡觉休息。拖延症会带来哪些严重后果?哪些原因导致拖延?遇到拖延问题,我们该怎么破解?

最近研究表明,拖延症与自身难以管控压力有很大关系。

具体来说，以消极情绪看待未完成事件时，而这件事可能意味着艰难、无聊、痛苦……我们无意识中更倾向于推迟完成。

具有讽刺意味的是，虽然拖延的目的是"避免痛苦"，然而从长远来看，也许会更多地"制造痛苦"。

例如，中小学生做事拖拉的毛病已是众多父母极其头疼的问题。孩子对待学习的拖延，说明学习任务已超出大脑负担，或者学习无任何乐趣可言，这样"避免痛苦"是种无效行为，久而久之，就带来更严重的后果——产生厌学情绪。

拖延，会导致学业不佳；

拖延，会造成经济损失，使财富缩水；

拖延，会影响人际关系，威胁我们的职业生涯；

拖延，会导致压力骤增，引发睡眠等健康问题；

拖延，会受内疚、羞愧或自我批评等情绪的影响，让我们的自尊受挫……

那么，导致拖延症产生的原因又有哪些呢？

我认为，拖延症是工业化时代所产生的一种心理现象，主要源自以下两个因素。

首先，在工业化时代人们要按照固定的节律每天上下班，学生也要按照固定的节律上学。这种固定的、机器般的节律和人自然的节律之间不匹配，时间长了，人们就会对这种固定像机器一样的生活方式，产生一种自发的抵抗，最终导致拖延症。

其次，互联网时代每时每刻都产生巨大的信息流，似乎对人有 24 小时在线的需要，把人异化成一个传递信息的神经元。互联网上每时每刻的信息流，都使得人们产生了对时间和信息的焦虑，继而产生拖延。

既然在互联网时代拖延是常态，那为什么作者还要写这本书呢？

作者试图突破固有的视角，将拖延问题放在当今文化的背景下加以考察。除了更深入的心理学认识之外，还有来自其他领域的一些资讯，比如神经科学和行为经济学，这些都有助于更好地理解拖延问题。

关于拖延症，我本人也有几个建议。

第一，不要贴标签，说自己有拖延症。因为人都有拖延的可能。

第二，对每天的时间和摄入大脑的信息进行有效管理，降低拖延发生的频率。

拖延心理学（行动版）
THE ANTI-PROCRASTINATION HABIT

本书作者从日常生活中最容易拖延的具体事项入手，每天致力于做一些小的改进，尝试着一点点摆脱拖延的困扰：

- 没有足够的时间进行锻炼？那就快步走 10~15 分钟。
- 无法完成待办事项列表中的所有任务？那就选择一个对你的职业生涯有长远影响的任务，首先完成它。
- 没有时间完成一份报告？那就先写内容纲要和思路导图。
- 不能处理你所有的任务？那就先完成清单上最重要的一项。
- 起床晚了，不能完成早晨的日常工作？那就专注于一两个健康的生活习惯，让你在这一天剩余的时间里获得能量。

当我们跟随本书"行动"的同时，还要领会作者提供那种直截了当、系统的理论框架，从心理学的视角深刻剖析拖延顽疾背后的八大心理因素，运用无压力工作法、抗拖延习惯法、25-5 法则、设置季度 SMART 目标等，帮助自己建立以行动为导向的习惯来拒绝拖延症，逐步改掉拖延陋习，并通过七步法最终克服以往阻碍自己实现目标的坏习惯，让拖延不再掌控我们的生活。

在本书中，作者希望陪伴我们面对拖延的挑战，学会接受，学会行动，让自己的心理更为成熟，最终陪伴着我们自己穿越拖延心理。

前　言

本书接下来的内容有可能会挽救你的生命。

相当疯狂的断言，对吗？

但请听我说，如果你密切关注将要阅读的内容并且实施我推荐的策略，那么这些信息可能会对你的生活产生重大影响。它可以帮助你远离悲惨的结局。

怎么能 100% 地确定呢？

好吧，它涉及一个简单的、有数百个含义的词汇（取决于你与谁交谈）。

这个词就是拖延（procrastination）。

我们都对这个词的含义有一个基本的了解。查字典的话，你会看到它的定义，在 Dictionary.com 中，拖延指"推迟或延迟的行为或习惯，尤其是需要立即关注的事情。"

但是，我们的拖延程度和拖延方式因人而异：

- 在学校里，学生会拖延时间，直到最后一分钟才为考试而学习或写学期论文；
- 专业人员会拖延与工作相关的任务，因为这是一项挑战，需要努力工作；
- 运动员可能会拖延伤病的检查，因为他不想错过重要的比赛。

我们的拖延都有个人的原因，而且很容易陷入思维误区，认为这没什么大不了的。你甚至会对自己说："这只是我的一个坏习惯而已，没什么大不了的嘛。"

事实上，拖延可能会对你的生活产生严重影响，它甚至会导致生死攸关的情况发生。例如，假设你胸部疼痛或有不适感，八成什么事儿也没有，但这也有可能是心脏病即将发作的警告信号。

不幸的是，有些人会忽略（即拖延）这样的症状，并且会因为没有采取行动而死亡。如果他们在遇到这个警告信号时就去看医生，那么他们就可能得救。

不相信这种情况会发生？

那么，下面我讲一个真实小故事来说明这一点。

父亲差点儿去世的那天

故事发生在 2007 年，我和家人一起去弗吉尼亚州看望我的姨妈和表哥。在我们准备开车回家的那一天，我父亲抱怨他胸部疼痛难忍。

他说了类似这样的话："这周，我也许会约下我的医生，做个检查。"

我用在我们家常常能听到的挖苦的语气回应道："是的，爸爸，这听起来可真是个伟大的计划。接下来的五天，我相信你的心脏不会出什么状况。你还是马上去挂个急诊吧，确保没有什么问题。"

起初，父亲对我的话不置可否。

但在开车回来的时候，他又想了想我说的话，并意识到有可能，只是有可能，我的想法有道理。于是，他紧急预约了他的医生，以确保心脏安然无恙。

我父亲的心脏后来怎么样了呢？

他需要立即做心脏搭桥手术。

事实上，医生告诉我的父亲，如果再等几天，他可能会有致命的心脏病发作。

如果我父亲对他那明显的心脏问题拖延一周，他现在可能已经去世了。这事已经过去 10 年了，我父亲仍然在我心中占有极其重要的位置。我每个月都会去看他两次，我们有时一起看场电影，有时一起吃晚饭，还会喝上几杯啤酒。每当我遇到复杂的商业问题时，也总是向他求助。他也见证了我儿子尤金的出生，我儿子和他同名。

这里，我并不想通过分享这个故事，来吹嘘我是如何拯救父亲的生命的。老实说，我甚至不记得说了什么揶揄的话（这是几年后他告诉我的）。分享这个故事背后的目的是想说明，我们做出的很不起眼的选择会对我们的生活产生很大的影响。心脏问题信号出现 10 年后，我的父亲依然健在，因为他当时选择了不拖延。我确信当时尽管他对医生有可能告诉他的内容感到恐惧，但他还是立即采取行动直面这个问题。

所以，是的，拖延的习惯可能看起来像一件小事。但是在一些糟糕的情况下，它会对你的生活产生巨大的甚至致命的影响。

什么是拖延

现在，在我们继续之前，让我们简单谈谈我如何定义拖延行为，以及它是如何对你的生活产生负面影响的。

正如我之前所说的，拖延可以被定义为"推迟或延迟的行为或习惯，尤其是需要立即关注的事情"。但是除了定义外，还有更多关于拖延的内容。拖延会导致：

- 学业成绩差；
- 工作表现欠佳；
- 选择不健康的饮食；
- 健康问题；
- 财务问题。

简单地说：如果你是一个拖延的人，那么这种坏习惯会以各种不同的方式限制你的成功。如果你不解决这个问题，那么

拖延心理学（行动版）
THE ANTI-PROCRASTINATION HABIT

你会减少实现主要目标的可能性。

这就是为什么你要通过养成我所说的"克服拖延习惯"来集中消除拖延的关键因素。无论你是会忘掉临时任务，还是总在最后一刻才去做事，你都能从这本被命名为《拖延心理学（行动版）》的书中发现大量具有可操作性的建议。

关于克服拖延习惯

这本书提供了一个简单的系统性框架，以便在生活的所有领域培养行动导向的习惯。本书读起来轻松愉快，书中也有很多可以在生活中立即实施的策略。

但是，这本书也需要你付出一些努力。我不仅希望你阅读这些材料，还希望你完成每个阶段结束时所提供的每一个练习。我认为对于一个与拖延做斗争的人来说，这是一个比较高的要求。这也是为什么我要把每个练习都精简到只需要 30~60 分钟的原因。

你会在克服拖延症的过程中学到各种各样的内容，比如：

- 明晰你所有的专业性任务，以了解为什么你选择做这些事情；

- 管理日常突发的紧急事件，这往往会让人感到压力和无法抗拒；
- 评估出现在你身边的所有机会，并判断它们是否值得追求（我的处世哲学是，如果你一开始没有答应做某件事的话，你反而不容易出现拖延）；
- 为你的生活进行优先级的区分，这样你才能专注于真正重要的事情，并且放下其他事情；
- 完成具有挑战性的任务（即使这是你一直恐惧的事情）；
- 找到工作与生活之间难以捉摸的平衡点，这样你才能努力工作，尽情娱乐，并将所有多出来的时间花在那些能够丰富你生活的人的身上。

你在这本书中会发现，这是一套简单的、管理生活中所有事项的方法，这种方法同时能够避免我们被淹没在生活中的各类事件中。你将学习如何将精力聚焦在优先事项上，对紧急情况做出适当的反应，彻底地清理其他一切杂事（而不是拖延它们）。

最后一点，没有哪位作者会完全依靠自己的力量完成一本书。我像你一样，也喜欢阅读关于效率和个人发展的书籍。所以，每当我从别人身上发现伟大的策略时，我都喜欢与我的读者分享。

所以你会发现，我会经常引用一些以前的经典书籍和网络上所提到的概念，比如《搞定：无压力工作的艺术》(Getting Things Done)、《高效时间管理法则》(Eat That Frog!)、《最重要的事只有一件》(The ONE Thing)、《精要主义》(Essentialism)、《深度工作》(Deep Work)、《禅宗习惯》(Zen Habits)以及詹姆斯·克利尔(James Clear)所提到的方法。

我尽力从这些资源中挖掘到真正有价值的部分，我也鼓励你去查看每一个资源，因为它们为本书中所提到的一些材料提供了更详细的解释说明。

自我介绍

在开始之前，先让我做个自我介绍，并谈谈我对拖延的看法。

我的名字是史蒂夫·斯科特(Steve Scott)。我的博客名是"养成好习惯"(Develop Good Habits)，并且我撰写的系列图书都与习惯相关，所有这些内容都可以在 HabitBooks.com 上查找到。

我创作这些内容的目的是要说明不断养成好习惯可以带来更美好的生活。我不是要教你什么，而只是提供一些简单的策略。无论你每天多么忙碌，这些策略都很容易使用。

像许多人一样，我对拖延的兴趣始于我必须要面对的个人挑战。

不瞒大家，多年来，我就是我所说的"功能性拖延者"。我在实现长期目标方面很出色（如写书、管理多种互联网业务和跑马拉松）。但是另一方面，我在许多平时似乎并不紧急的事务上表现得非常糟糕，比如给我的车换机油、缴税甚至购物。

结果，我经常耽误事先安排好的重要事项，因为我觉得自己太忙了。

我的借口是直接从拖延者的脚本中拉出来的一句标准台词："总有一天我会完成这些事。"

而且，正如你们可能猜到的那样，"这一天"几乎从未到来过。我在关注自己的长远目标的同时，也让重要的工作堆积在我的桌面上。

一个重要的警醒来自我所谓的"价值2348.97美元的失误"。我和一些拖延者一样，每年都会申请延期缴税。有时候我先预付一些钱，其他时候我则会一直等到最后一刻才支付，

拖延心理学（行动版）
THE ANTI-PROCRASTINATION HABIT

我的注册会计师称之为"愚蠢税"。

是的，有一年我办理了个人所得税延期，但我却忘记了为我的公司办理税务延期。最终，在那年的 10 月提交申请之后，我收到了一封来自美国国税局的信函，信函内容是关于我尚未申请营业税延期的事宜。除了我已经支付的该年度税款外，我还需要给美国政府支付 2348.97 美元的利息和罚款。

当然，我可以辩解说，美国的税收制度有失公平。但是，现实是残酷的，因为拖延了一项仅仅需要一天就能完成的任务，我额外支付了 2348.97 美元。事实上，仅仅额外花费五分钟办理业务延期，我就只需要支付一小部分的利息和罚金。

在犯了这个昂贵的错误之后，我发誓，绝不会再丢三落四，让类似的蠢事再次发生。我发誓，如果再有什么重要的事情，我会毫不拖延地处理好。我向自己保证，我将为我的个人生活创建一个框架，使我在重要的长期目标与我每天都要处理的紧急日常事务之间实现完美平衡。

我创建的这个系统就是你将要在这本《拖延心理学（行动版）》中了解到的内容。

现在，就让我们开始谈谈为什么很多人会拖延吧。

目 录

第一部分
你为什么总是会拖延

第1章 拖延背后的八大心理因素 … 3
原因1 追求完美 … 4
原因2 对未知的恐惧 … 6
原因3 承诺"稍后"再做 … 10
原因4 只专注简单的任务 … 15
原因5 经历动力缺失 … 17
原因6 不知道从何开始 … 18
原因7 经常分心 … 20
原因8 没有足够的时间 … 21

第二部分
拒绝拖延，从行动开始

第 2 章　确认你当前的承诺 ·················· 29
　选项 1　无压力工作的艺术 ·················· 30
　选项 2　抗拖延习惯法 ························ 32

第 3 章　专注于五个核心项目 ·················· 35
　有关 25-5 法则的解释 ························ 37
　如何识别你的核心价值 ························ 40
　如何选择你的五个核心项目 ···················· 44

第 4 章　设置季度 SMART 目标 ·················· 51
　SMART 原则 ··································· 51
　SMART 目标的实例 ····························· 55
　行动 1　关注五个项目 ························ 56
　行动 2　关注三个月目标 ······················ 57
　行动 3　使用每周回顾来调整你的目标 ·········· 60
　行动 4　将每个关注点转化为一个项目 ·········· 60
　行动 5　回顾你的目标 ························ 64
　行动 6　评估你的季度目标 ···················· 65

第 5 章　对竞争性的项目和职责说"不" ……… 69
练习 1　尽可能早地有礼貌地说"不" ……………… 72
练习 2　确定强制性任务 ……………………………… 73
练习 3　将每个请求与你当前的项目进行比较 ……… 74
练习 4　与你的老板谈论你的首要项目 ……………… 75
练习 5　问问自己："我的讣告上会怎么写？" ……… 77

第 6 章　做每周日程表 ……………………………… 81
大石块与如何专注于重要的东西 …………………… 82
大石块故事的意义 …………………………………… 84
行动 1　回答三个问题 ………………………………… 85
行动 2　将 80/20 法则应用于你的日程安排 ………… 85
行动 3　在日历上划分时间 …………………………… 87
行动 4　练习分批处理，创建"主题日" …………… 90
行动 5　为深度工作留出时间 ………………………… 92

第 7 章　进行 14 项日常练习克服拖延症 ………… 97
练习 1　处理任何潜在的紧急情况 …………………… 98
练习 2　做一个 5 到 10 分钟的每日回顾 ……………101
练习 3　关注最重要的任务 ……………………………102
练习 4　吃掉青蛙 ………………………………………103
练习 5　使用艾森豪威尔矩阵迅速做决定 ……………104
练习 6　立即完成快速任务 ……………………………110

练习 7　为挑战性任务创造一个小习惯·················112
练习 8　为进行中的项目建立大象习惯·················115
练习 9　使用冲刺来应对富有挑战性的项目···········117
练习 10　建立非舒适习惯································120
练习 11　用意识习惯移除隐藏的障碍··················123
练习 12　将奖赏捆绑在行动上···························125
练习 13　将所有任务和目标相关联·····················126
练习 14　为你的任务创建问责机制·····················127

第 8 章　制订克服拖延的游戏计划·················135
任务 1　完成四个一次性练习····························136
任务 2　安排每周的计划时间····························137
任务 3　构建一个反拖延的习惯积累程序···········139
任务 4　挑战你每天的拖延倾向························143

后记　关于战胜拖延症最后的想法·····················145

THE ANTI-PROCRASTINATION HABIT

第一部分

你为什么总是会拖延

第 1 章　拖延背后的八大心理因素

　　克服拖延习惯之所以是一项挑战，是因为每个人都有不同的拖延理由。但更多的情况是，同一个人可能会出于不同的原因推迟完成他们生活中的各项任务。

　　例如，你没有及时给自己的母亲回电话，也许是你觉得太累了，你就对自己说"我可以在这个星期稍晚的时候再给她打电话"。或者，你可能会因为害怕犯各种错误，而推迟开始一项新的爱好。抑或，你可能会因为隐隐担心彻底的失败，而拖延一个重大项目。

　　简单地说，战胜拖延非常困难，因为每个在拖延中挣扎的人都有个人化的、不同的拖延原因。也就是说，如果你想改掉这个坏习惯，你需要了解一些产生拖延的常见原因，并解决它们。

下面,我将仔细探讨人们出现拖延的八个常见的心理因素。

我的建议是什么呢?

仔细阅读每一个原因,并问问自己,这是否是你想要拖延一项任务而为自己找的借口?

原因1 追求完美

当你担心因犯错误而暴露自己的弱点时,你就很容易出现拖延的情况。实际情况是,由于害怕犯错误,人们可能会推迟他们的一些重要任务,选择其他日期执行这些任务。

这种心态在卡罗尔·德韦克(Carol Dweck)所著的《终身成长:重新定义成功的思维模式》(*Mindset: The New Psychology of Success*)中能找到答案。在这本书中,德韦克将学习、体育、工作、艺术以及其他领域的成功与人们如何看待自我的天赋和能力联系起来。

德韦克解释说,人们要么具有固定型思维模式,要么具有成长型思维模式。

那些具有固定型思维模式的人相信他们的能力是一成不变的，所以他们只关注他们当前的智力或才能，并认为他们天生就具备这些能力，并且这些能力无法得到进一步提升。拥有固定型思维模式的人还相信，如果某人具有天赋，那他就不需要努力，他们相信天赋是自然产生的。

那么，为什么固定型思维模式是危险的呢？因为它会阻碍你的成长和学习，限制了你做出积极改变的能力的培养。

另一方面，具有成长型思维模式的人相信自己的能力可以通过努力获得发展和提高。他们认为人的智慧和才能只是一个起点，人们生来就具有各自的优势，但是能够达成什么样的成就是没有限制的。成长型思维模式造就了学习的动力和为了成功而克服困难的能力。

德韦克解释说，具有这种思维模式的教师、家长和管理人员可以在自己的职业生涯中取得很大进步，并能够获得巨大的成就。有了正确的思维模式，人们就能以积极的方式改变自己的生活，并且通过激励、引导、教育来改变他人的生活。

根据《高产的七个秘密：克服拖延、完美主义和写作障碍的权威指南》（*The 7 Secrets of the Prolific: The Definitive Guide to Overcoming Procrastination, Perfectionism and Writer's Block*）

一书作者希拉里·雷蒂格（Hillary Rettig）的观点，那些因追求完美而拖延的人倾向于拥有固定型思维模式。这就意味着他们将避免执行某些任务，因为他们担心存在犯错误的风险，使事情看起来不够完美。他们希望自己的工作是完美的，并坚持认为如果任务不契合他们的天赋，他们将无法避免失败，所以最好把它搁置起来，过段时间再说。

虽然有些人可能认为追求完美是一种积极的特质，但这种品质会对你的成功产生长期不利的影响。非建设性习惯和拖慢进展的态度是一种危险的混合体。虽然完美主义者经常被误认为拥有高标准，但实际上，完美主义者将成功的定义限制在一个不切实际的标准上。

通常完美主义者出现拖延，是因为他们害怕自己永远达不到他们为自己设定的高标准。他们会想："为什么我还要努力呢？"

原因2　对未知的恐惧

假设有一天，你注意到皮肤上出现一颗新痣。你开始担心，这可能会产生癌变，于是你会避免被检查出来，并暗自希望这颗痣会自己消失。

这听起来像你以前做过的事情吗？

有时候人们害怕采取行动，因为它可能会暴露出一个他们不希望知道的事实。

所以，有句老话"你不知道的东西不会伤害你"是不正确的。在几乎每一种情况下，如果你长时间忽略某些事情，希望它会自行消失，那它只会变得更糟。

来自密歇根大学的研究人员进行了一项研究，这项研究是关于如何让错误信息萦绕在某人的脑海中。该研究指出，即使人们意识到他们错了，错误信息仍然存在于个人的记忆中，并继续影响他们的思维。人们可能会利用错误信息，特别是当这些信息符合他们现有的信念，并且能够得出合乎逻辑的判断时。这也会导致人们把不准确的信息传递给其他人。

对于环境、政治和个人层面所造成的损害，这项研究的结果均适用。如果对于健康问题存在误解或先入为主的观念，诸如"我的家人没有患癌症的，所以我可能没有问题"或"痣会随着时间推移而消失"，这最终反而可能会造成严重的伤害。

研究人员发现，个人信仰和观点可能是改变误解的重要障碍。此外，试图向某人呈现一个他们先前不想要的事实，结果会适得其反，甚至进一步强化他们的错误想法。当涉及个人健康问题时，忽视问题而不是面对事实，肯定会导致更严重的问题，甚至死亡。

想想看，如果这颗痣是一种早期阶段可以完全治愈的癌症，那么如果忽略它，情况可能会恶化，结果会怎样呢？

对于这颗痣，你可以主动地做个检查，并且发现它很容易治愈，或者你会拖延，因为你想假设一切正常。在这种情况下，你所不知道的事情肯定会伤害到你，而你个人认为它会自行消失的想法是有害的。

这种现象的其他一些例子包括回避看牙医，并且不断告诉自己，你担心可能是龋齿的那颗牙不会有事。也许你不想去交税，仅仅是因为你不敢面对你欠政府不少钱这个事实。也许你避免和你的伴侣交谈，推迟可能会引发的争论。

这些都能让我们再次联想到密歇根大学研究人员的发现，因为在这些情况下，人们不想知道真相，他们更愿意接受这种可能性——一切都好。

无知就是快乐，对吧？

事实上，忽视这些情况只会导致更严重的状况。

这里一个重要的经验是——知识就是力量。即使是得知一个坏消息，听到得越早，你就有越多的机会去避免更糟状况的发生。

就像我小时候从动画片《特种部队》（*G.I.Joe*）那里学到的那样："知己知彼，百战不殆！"

你越早得知一个残酷的事实，你就越有时间和机会来采取必要的正确行动。

所以，问问你自己这些重要的问题：

- 我害怕什么？
- 可能发生的最糟糕的结果是什么？
- 如果我忽视这种情况会发生什么？
- 我为什么要放弃这个？
- 放弃这个有什么好处吗？
- 通过避免这种类似的情况，人们死亡的可能性有多大？
- 我是否试图说服自己相信一些不真实的事情？
- 我是害怕过程还是害怕结果？
- 我能处理结果吗？
- 我是否想从某种特定结果中保护自己？
- 我真的很害怕吗？还是，仅仅是别人告诉我这很可怕？

我承认，处理棘手的问题是非常令人恐惧的，但是对那些可能对你的生活产生灾难性负面影响的事情来说，从来没有一个好的理由去拖延。

原因3　承诺"稍后"再做

这个常见的借口是一个暗示：你能够在将来的某个时候处理未完成的任务。这个时候可能是从现在之后的几个小时、几天，或者将来的某个时间——那个你所设想的"完美"的自由日。

不幸的是，这个思路会使未来的理想感觉和真实感觉之间产生严重的分离。

在你的想象中，你将拥有无限的能量、健康的饮食，能定期锻炼，好好工作到晚上直至完成每一件事情。

然而现实是，"未来的你"已经很疲倦，没有动力，筋疲力尽，要管教不守规矩的孩子，很想吃巧克力蛋糕。

这种现象涉及热-冷共情鸿沟（the hot-cold empathy gap）[①]

[①] 热-冷共情鸿沟是指个体处于"热"的状态（即情绪唤醒状态）会高估其"冷"状态（即情绪未唤醒状态）时的感受和行为倾向。例如，非常饿的人觉得自己能吃两份汉堡，但事实上一旦他吃了一份，饥饿感消除后，就不想再吃另一份了。——译者注

和时间不一致性（time inconsistency）两个概念。让我们从第一个概念开始，看看它与拖延有什么关系。

热-冷共情鸿沟

热-冷共情鸿沟这一概念出自罗伊·鲍迈斯特（Roy F. Baumeister）和约翰·泰亚利（John Tierney）合著的《意志力》（*Willpower*）里，现已被广泛应用。这是一种使人们低估本能驱动力对自己的态度、行为和偏好产生影响的心理状态。

热-冷共情鸿沟最重要的方面在于表明了人类的理解在很大程度上依赖于个体的心理状态。例如，如果你感到愤怒，那你就很难想象自己情绪平和。或者，如果你饿了，那你就很难想象自己已经吃饱了。

在职业情境下，无法最大限度地减少共情鸿沟会导致负面影响。例如，当医生正在检查患者的身体疼痛，或者雇主正在评估应该付给由于处理丧事而休假的雇员多少薪水时，这些主观的决定很容易受到热-冷共情鸿沟的影响。也许以前和患者发生过类似的事件，医生在检查中会觉得患者对疼痛反应过度，或者雇主最近也有家人去世，而他却能够较快地回到工作当中。这些过去的经验和感受会对人们的决定产生影响。

时间不一致性

时间不一致性是决策者的偏好随着时间的变化而发生改变的情况。这反映出你在做出决定时,想法会有不同的版本。每一个"自我"代表某个时间点的决策者,当他们的偏好不一致时,就会出现不一致情况。

例如,安德森(Andersen)等人的一项研究对此进行了说明。他们对学生的决策和行动做了仔细的检查。在考试前一天晚上,许多学生希望还能多一天的复习时间。如果那天晚上有人问他们,有些人可能会同意支付 10 美元来让考试延期一天。

但在另外一种情况下,如果是在考试日期前的几个月询问这些学生,他们一般会觉得没有必要推迟考试。因此,大多数人不愿意花 10 美元来改变考试日期。

虽然两种情况下的选择权都是相同的,但它是在不同的时间节点做出的。由于学生的决定发生了变化,他们的决策出现了时间不一致性。

《行为决策杂志》(*Journal of Behavioral Decision Making*)于 1999 年发表的另一项研究也是时间不一致性的例证。在这项研究中,给被试提供免费的电影观看。电影分为低俗电影

[如《王牌大贱谍》(*Austin Powers*)]和高雅电影[如《哈姆雷特》(*Harmlet*)]两类。

研究人员分析了被试做出选择的模式。如果时间不一致性不存在，可以预期不管被试什么时候做决定、什么时候去看电影，他们都会有同样的选择。然而，这些决定是不相同的。

当要求被试立即选择观看一部电影时，大多数人选择观看低俗电影。但是，当让他们为四天或更长时间后观看哪部电影做出决定时，70%的被试选择了高雅电影。

这意味着什么？

人们的想法随着时间的推移而改变，人们做出决定的结果与决定的时间节点有关，这一关联肯定会对人们的想法产生强烈的影响。人们倾向于依照决策对自己的即时影响做出决定，而并非依照决策所产生的长期影响做出决定。

时间不一致性的一个有趣的地方在于，你将面对需要调和自身当前需求与未来需求所带来的挑战。

詹姆斯·克利尔在其题为《两位哈佛教授揭示了我们的大脑喜欢拖延的一个原因》(*Two Harvard Professors Reveal One Reason Our Brains Love to Procrastinate*)一文中很好地描述

了这个问题:"未来的你知道你应该做那些能够带来最大的长远收益的事情,但是现在的你倾向于高估那些能给你带来即刻收益的事情。"一般人花太多的时间去担忧他们的当前自我(present self),而没有足够的时间去思考他们的行为如何影响他们的未来自我(future self)。这很容易陷入一个陷阱中,对行为的长期代价不够关心,因为这种长期代价所带来的后果往往会发生在一个不确定的时间。

现在的你和未来的你总是不断地争执。你可以设定一个目标希望未来的你获得成功,但这总是会让现在的你需要完成日常目标中繁重的任务。而现在的你唯一想要的就是吃袋薯片,上奈飞网(Netflix)[①]追会儿剧。

为了说明这一点,请你回想一下你过去设定的锻炼目标。你能想象这个未来的你,一周内每天都锻炼一个小时,充满活力。这个版本的你健康迷人,所有的朋友都嫉妒。

不幸的是,现在的你已经厌倦了工作,还很饿,只想吃东西。你想做的就是在漫长的一天工作后放松身心。所以,你不想参加体育锻炼,因为不锻炼的消极影响不是立竿见影的。于是,你坐下来享受了一个轻松的夜晚,很简单你根本不想去

---

① 奈飞网是美国一家在线影片租赁提供商。——译者注

锻炼。

这对人们来说是经常出现的情况。未来的你有各种各样的梦想和计划，但现在的你经常屈从于立刻获得的即时奖赏所带来的满足感。

原因4　只专注简单的任务

下面的内容可能听起来很熟悉：通常你会在工作中选择完成"填充性"的任务，因为这些任务能够轻而易举地迅速完成。这种类型的任务包括检查电子邮件、与同事交谈或做轻松的文书工作。

虽然这些任务可能会带来"忙碌"感，并让你相信你完成了任务，但这是一种拖延的创造性形式。简单的任务很容易完成，并且会给你带来一个快速的成就感，所以通过先完成它们，你就会有成就感和即时的满足感。

完成任务所需要的时间和精力越多，开始着手就越困难。如果缺失了成功完成一项活动所带来的即刻的多巴胺快感的话，那你很容易把这项活动推后，因为奖励似乎太遥远了。在感到成功、获得成就感方面，很多人宁早勿晚。

所有这些都与所谓的"当前偏见"（present bias）有关。这个术语指的是一个人在未来的两个时刻权衡取舍时，倾向于优先考虑更即时的回报。

普林斯顿大学有一项科学实验，研究了在即时小奖励和稍后更大的奖励之间做出选择时，被试大脑的活动情况。

研究人员发现，当被试试图在短期奖励和长期目标之间做出选择时，大脑中有两个区域在争夺对被试行为的控制权。研究人员使用了一个常见的经济学困境，消费者在当前显得急切，但计划在未来表现得很有耐心。

这项研究的被试是14名普林斯顿大学的学生，在要求他们考虑如何选择延迟奖励时，对他们的大脑进行扫描。一个选择是立刻获得一张亚马逊网站的礼品卡，价值在5美元到40美元；另外一个选择是，如果他们等待2~6周，将会获得一张未知的面额更大的礼品卡。

研究人员发现，当被试考虑即时奖励的可能性时，受情绪性神经系统影响的部分大脑被激活。此外，所有的决定，无论是短期的还是长期的，都激活了与抽象推理相关的大脑系统。

有趣的是，当被试有机会得到即时奖励，但选择了更有价值的延迟奖励时，他们大脑的计算区域比情绪区域更活跃。当被试选择即时奖励时，这两个区域的活动是相似的，情绪区域的活动稍微活跃一些。

该研究得出的结论认为，即时奖励的选择激活了大脑的情绪相关区域，并胜过了抽象推理区域。

研究人员发现，尽管我们的逻辑大脑能够看到当前行为的未来结果，但是情绪大脑难以想象未来的情景。

我们的情绪大脑想要立即得到快感，不管为将来带来什么样的伤害。我们的逻辑大脑知道要考虑长期的影响。很多时候，未来的未知收益看起来似乎不值当前必须等待所带来的那些烦恼。

原因 5　经历动力缺失

你有没有想过，生活总是妨碍你做该做事情？

这种动机的缺乏可能来自以下几个深层原因，包括：

- 疲劳；
- 压力；
- 其他优先事项；

- 突发事件；
- 制订新计划的麻烦；
- 这项任务过去曾经失败过；
- 你生活中的人（或事件）带来的消极情绪；
- 缺乏信心；
- 在错误的环境下工作；
- 目标不明确。

你并不是唯一一个对某些任务缺乏动力的人。在卡内基梅隆（Carnegie Melon）大学所做的一项研究表明，当人们发现自己的工作结果没有什么价值时，他们就缺乏动力。

我们从这一部分学习到，如果你能把一项任务与你的兴趣、目标和价值观联系起来，那么就能增加你从事这项工作的动力。

原因6　不知道从何开始

如果手头的任务过于复杂、独特或者困难，那该怎么办？如果任务包含变动的部分，你不清楚应该从哪里开始呢？这种不确定性可能会阻挠你开始这项工作，因为你不知道第一步该如何去做。

即使你迈出了第一步，当你考虑整个过程时，你就很容易低估完成这个项目所需要的时间和努力。

结果就是，因为你常常会被完成一项任务所需要的所有步骤弄得不知所措，所以你经常会拖延。

克服这个问题的最好方法是什么呢？

一个非常有效的方法就是使用戴维·艾伦（David Allen）在他所著的《搞定：无压力工作的艺术》一书中所讨论的方法。

这个方法就是将任何一个多步骤的项目分解成为一系列较小的任务，这些任务可以在一个单一的工作模块中完成。整个过程共有以下五个步骤：

1. 写下你需要关注的具体任务；
2. 决定哪些行动可以立即执行，并且去做；
3. 组织剩下的任务；
4. 不断回顾你的任务分解；
5. 逐一完成每项任务，直至全部完成。

你甚至可以更进一步，列出一个清单，并且在一边完成、一边打钩的过程中感受到心满意足（我们将在第4章中更多地讨论这一设想，在那里我将向你展示如何分解复杂的项目）。

原因7　经常分心

让我们深入了解我们每天所面对的各种新的干扰：

- 电子邮件；
- 短信；
- 推送通知；
- 社交媒体更新；
- 电话；
- 会议；
- 网络电话；
- 其他人需要你的时间；
- 边缘性任务，如干杂事、写文案、整理桌面等。

这样的情况不胜枚举。

事实上，凯业必达（Career Builder）[①]最近进行的一项调查发现，有五分之一的雇主认为他们的员工每天高效工作的时间少于五个小时。在寻找原因时，半数以上的雇主表示，首要原因应当归咎于员工的智能手机，其次是上网和在工作场所闲聊。

---

① 凯业必达是北美最大的招聘网站运营商。——译者注

那么，你怎样才能让这些令人分心的事情远离你呢？

一个简单的解决方案是设计你的工作环境，以便防止这些诱惑在第一时间发生。你可以这样做：

- 使用类似 SelfControl 或 Freedom 之类的软件工具屏蔽那些分散你注意力的网站；
- 删除智能手机上的游戏和应用程序；
- 无论何时当你需要专注于埋头工作，禁用无线互联网；
- 将你的智能手机设置为飞行模式；
- 佩戴消除噪音的耳机；
- 拔掉你的路由器；
- 关上门以免被同事或家人打扰。

当然，其中一些策略可能看起来很极端。但是，如果你能够了解会对自己产生诱惑的事物，并且愿意在你需要专注于一项重要任务时将它们从你的环境中移除，那将是非常有效的。

原因 8　没有足够的时间

这是我们在某一时刻都会给出的有关拖延的常见借口。在你的日程表上有一个任务，但是生活中总会发生各种各样的事情，所以你只剩下一点点时间来处理它。总共有多少时间并不重要。重要的是，在你的头脑中，没有足够的时间来完成这项任务，所以你告诉自己稍后去做。

这个借口有多种形式：你没有足够的时间锻炼，或者做一个大型项目，或者完成你计划好的事情。每当你因缺乏时间而拖延任务时，你就屈服于一些狭隘的观念，一点点的努力没什么用。

这种拖延形式有两种修正方法。

首先，如果你改进了你的计划方式，你就有足够的时间完成真正重要的任务。具体地说，我推荐的一种技巧就是做日回顾和周回顾，看看你在生活中，如何安排整块的时间来处理各种活动。这也是我将在第6章中详细介绍的内容。

接下来，即使你只有几分钟的时间来处理某些事情，我仍然建议你做点什么。这种观念出自苏珊娜·佩雷斯·托比亚斯（Suzanne Perez Tobias）所论述的那些"碎片化时间"（short slivers of time），我们都必须在你的目标上取得一些进步。是的，你不会在这个活动上花费充足"剂量"的时间，但有一些总比没有好，对吧？

请思考这些现实生活中的例子。

- 没有足够的时间进行锻炼？那就快步走 10~15 分钟。
- 无法完成待办事项列表中的所有任务？那就选择一个对你的职业生涯有长远影响的任务，首先完成它。
- 没有时间完成一份报告？那就先写内容纲要和思路导图。
- 不能处理你所有的任务？那就先完成清单上最重要的一项。
- 起床晚了，不能完成早晨的日常工作？那就专注于一两个健康的生活习惯，让你在这一天剩余的时间里获得能量。

当没有足够的时间完成任务清单中的所有任务时，我们很容易感到沮丧。但是如果你努力在有时间时采取一点行动，那么你至少知道自己没有完全拖延任务。

> **学以致用 1**
>
> **确定你拖延的原因**
>
> 在本章的开始,我提到每个人都有不同的拖延原因。当你明确了你的拖延原因时,你就迈出了打破这个坏习惯的第一步。
>
> 在最开始,我建议你每天留出 30 分钟时间,仔细考虑你在过去的一周或一个月内一再拖延的任务。如果你想不起任何例子,那么就在下周,当你确定每天的日常任务的时候来做这个练习。
>
> 首先,写下你已经拖延过的每个任务、项目或习惯。活动的规模或范围并不重要,唯一的要求是写出拖延的一些原因。
>
> 其次,写下你推迟这些任务的理由。坦白地说,所写下的这些只有你自己能看到。所以,如果你为了追剧,如看《纸牌屋》(*House of Cards*)第五季没有出去锻炼,那就写下来吧。将你最近类似的拖延情况像这样记录下来。
>
> 再次,看看你所给出的拖延原因,并与我刚才所详细阐述的八大心理因素做比较。如果你不太记得的话,把下面这八大因素再重复一遍:
>
> 1. 追求完美;
>
> 2. 对未知的恐惧;
>
> 3. 承诺"稍后"再做;
>
> 4. 只专注简单的任务;
>
> 5. 经历动力缺失;
>
> 6. 不知道从何开始;
>
> 7. 经常分心;

> **学以致用 1**
>
> 8.没有足够的时间。
>
> 如果你的答案因任务而异,请不要担心。你推迟一些活动的原因是你想让它们变得更加完美。你推迟另一些活动是因为你没有心情去做。重要的是了解你推迟任务的常见原因。
>
> 最后,在阅读本书其余部分时,将这些理由留在脑海中。每当你遇到一个专门解决你的问题的想法时,可以突出地标注并加上书签,以备将来使用。将来,无论何时问题再次出现,这有可能会导向突破性的问题解决策略。

THE
ANTI-PROCRASTINATION
HABIT

第二部分

拒绝拖延，从行动开始

第 2 章　确认你当前的承诺

现代生活所面临的一个挑战就是,你的待办事项列表像滚雪球般越来越大,这个列表包含无数的任务、项目和职责。对于一些人来说,不可能逐一完成这个列表中的每个项目,这往往会使人感到压力巨大。你甚至会觉得,你不可能从自己挖掘的这个巨大的洞中摆脱出来。

如果这听起来跟你的状况很像,那不要担心。

如果你决定努力遵从我在这本书中列出的建议,那么你就能够消除因待办事项列表上任务过多而产生的焦虑和压力。此外,你还将学习如何构建一个坚实的框架,以防止你在未来的活动中出现拖延情况。

在此，我推荐一个简单的练习先暖暖场，它可以在任何地方用30~60分钟来完成。用和"学以致用1"练习中相同的笔记本，在上面写下你当前所有的承诺和你希望在明年完成的目标。

你可以从下面两个选项当中选择一个来完成：

1. 无压力工作的艺术；
2. 抗拖延习惯法。

让我来简单介绍一下这两个方法。

选项1　无压力工作的艺术

根据任何一本关于生产效率的经典书籍的详细介绍，无压力工作的艺术基于以下理念：

> 通过外部的记录，把已经计划好的任务和项目从头脑中移出，然后把它们分解成具有操作性的工作项目。这使人们能够将注意力集中在采取行动，而不是回忆需要完成什么任务。

首先，我认为无压力工作的艺术是非常有效的识别生活中所有"事物"的方法。采用这种方法，你可以将所有未完成的事务百分百地集中起来，包括所有的个人任务、专业任务、长期目标和随意的想法，诸如：

- 当前项目；
- 大量列表和"将来"的目标；
- 预约；
- 常规检查，如牙科检查、医学检查、为你的孩子预约的检查等；
- 金融投资；
- 答应别人的事情；
- 回复电子邮件和电话；
- 家务或修理事项。

这些只是一些例子。如果你想得到无压力工作的艺术中包含的所有内容，请查看相关网站提供的内容。

因为无压力工作的艺术是最彻底的确认生活中所有悬而未决、需要采取行动的事项的方法，所以我再次强烈推荐。这就是为什么你可能有兴趣查阅戴维·艾伦的著作《搞定：无压力工作的艺术》来完成这个步骤。

即便如此，我还是会尽可能谨慎地指出以下几点。无压力工作的艺术不适用于每个人，特别是对于那些已经为抗拖延而奋斗的人。

完成这个生活事件回顾，除了至少需要一两天时间的专心努力之外，还需要你生活中的事务和列表具备一些特定的结构。另外，如果你现在就正在挣扎着完成日常工作的话，无压力工作的艺术流程也许会让你崩溃。

这就是为什么我想在随后的步骤中提供替代解决方案的原因。

选项2 抗拖延习惯法

我为这本书的读者推荐的练习是，思考在接下来的3~12个月里你必须（或者希望）要做的所有事情，忘掉你的长期目标或清单列表。只需关注从今天到一年后的今天，你有能力去完成的项目，仅此而已。

在你开始上一次练习时所使用的笔记本上，写下有关下列问题的答案：

- 在问诊方面，你有没有存在拖延的问题？
- 哪些与工作有关的项目即将到来？
- 哪些个人事项即将出现？

- 你打算和家人一起制订一个假期计划吗？
- 你想培养什么样的好习惯？
- 有没有你一直推迟的家务？
- 什么会议和预约即将到来？
- 你想要达到什么目标？
- 对你的家人来说，有什么重要的事情要处理？
- 你是否想要启动一个锻炼计划？
- 有没有你所知道的需要完成的项目，但你却一直在推迟？
- 你是否一直在忽视那些重要但不紧急的日常任务？

你不需要回答所有这些问题。事实上，你可以忽略这些提示，并写下你想到的所有事情。

这里最重要的是要列出你脑海中所有未完成的内容。这些都是悬而未决的事情，会占用你的智力带宽，并导致你每天都感到焦虑。

最后，你在哪里保留这个列表并不重要。这个列表可以写在笔记本上，像我前面给出的建议那样，或者存储在像印象笔记（Evernote）这类的应用 App 中。重要的是，将所有这些任务存储在一个你每天都可以接触到的核心位置，因为在本书的剩下的步骤中，都会涉及这个列表。

33

> **学以致用 2**
>
> ### 写下你当前的所有承诺
>
> 总的来说，我建议一个简单的三个步骤的练习，这需要大约 30~60 分钟的时间。
>
> 1. 在笔记本（或印象笔记等应用 App）中，写下你当前的所有承诺以及你希望在明年将要完成的任何活动。
>
> 2. 通过使用下列提示，聚焦于不久的将来：
>
> - 在问诊方面，你有没有拖延的问题？
> - 哪些与工作有关的项目即将到来？
> - 哪些个人事项即将出现？
> - 你打算和家人一起制订一个假期计划吗？
> - 你想培养什么样的好习惯？
> - 有没有你一直推迟的家务？
> - 什么会议和预约即将到来？
> - 你想要达到什么目标？
> - 对你的家人来说，有什么重要的事情要处理？
> - 你是否想要启动一个锻炼计划？
> - 有没有你所知道的需要完成的项目，但你却一直在推迟？
> - 你是否一直在忽视那些重要但不紧急的日常任务？
>
> 3. 在你按照自己的方式完成本书所提供的其他练习的过程中，请把这张清单放在手边。

第 3 章　专注于五个核心项目

让我以一个简短的免责声明开始本章的内容：你将要学到的是本书中最具有心理挑战性的一课。推荐的练习并不难，但是，要坚持下去，就需要有一种大多数人都不具备的执着。也就是说，我保证如果你坚持到底，这个框架将成为永久消除拖延习惯的秘密武器。

从大多数时间管理学书籍中，你获得的典型建议是如何把尽可能多的任务填入你的日程安排。我认为这反而是许多人拖延的原因之一。人们的生活被如此多的任务和职责填满，其实他们根本没有足够的时间做所有的事情。

在当今社会，似乎很多人都戴着超量工作、超负荷、疯狂的时间表这个荣誉勋章。这与你有什么样的产出没有关系，只是与你每周工作了多少个小时有关。只要看看社交媒体，你就会发现大量表面谦虚实则自夸的更新内容，都以忙碌喧嚣为结尾。

另一方面，如果你研究了世界上最成功的人，你会发现他们并没有尽量兼顾很多项目。相反，他们确定自己擅长什么，并加倍投入到少数几项活动当中，就像作家加里·凯勒（Gary Keller）在他的同名著作《最重要的事只有一件》中所说的那样。

如果你日常待办的事项列表被数十项任务和项目塞满，那你就很容易拖延。你会感到不堪重负，以至于不得不推迟许多活动。而且，你所拖延的那些任务，往往是那些会对你的生活产生巨大而积极影响的事情。

那么该如何解决这个问题呢？

很简单，将你的注意力集中在少数的核心项目上。正如我们所讨论的，人们因为感到不堪重负而经常拖延。但是，如果只将注意力集中在少数项目上，那么很容易采取一致的高效行动。应用这种策略的最好方法是 25-5 法则。

有关 25-5 法则的解释

25-5 法则是我从 Live Your Legend 网站学到的，斯科特·丁斯莫尔（Scott Dinsmore）在其中分享了一个故事——沃伦·巴菲特真正成功的优先级五步法（以及大多数人为什么从不这样做）。故事内容是关于丁斯莫尔会见了一个名叫史蒂夫（Steve）的朋友，史蒂夫是巴菲特的私人飞机驾驶员。

在与丁斯莫尔的这次对话中，史蒂夫谈到了巴菲特如何鼓励他写下他在未来几年想要做的 25 件事。在完成这份清单后，巴菲特让他回顾这份清单，并圈出五大优先事项，这是在史蒂夫的生活中，比其他任何东西都更重要的目标。

接下来，巴菲特鼓励史蒂夫为这五项活动制订一个行动计划。巴菲特指导史蒂夫把它们变成可行的目标，并立即开始着手实施。

在这次谈话即将结束时，巴菲特问了史蒂夫一个简单的问题："关于清单上另外 20 件你没有圈出来的事情，你有什么计划来完成它们？"

史蒂夫的回答可能是我们大多数人会说的："好吧，前五项是我的主要焦点，但其他 20 项则紧随其后。它们仍然很重要,依我看,在我完成首要的五项任务的过程中,我会在合适的时候,间歇性地做一些相关的工作。它们并不是那么紧迫,但我仍然计划投入努力。"

巴菲特的回答令人惊讶:"不。史蒂夫,你错了。你没有圈出的所有内容都应当进入你'全力避免的清单'中。无论如何,在成功地完成前五项之前,其余的内容不应该引起你的任何关注。"

很好的建议,对吧?

好吧,我可以告诉你,当你在现实世界中应用25-5法则时,它确实有效。事实上,我一直使用这个法则,已经有一年多时间了,并且对我的生活产生了惊人的影响,特别是在预防拖延的时候。

在决定一次只专注于五件事之后,与以前每周安排满了项目、责任、预约和成堆的"将来的"任务时的生活相比,我获得了更多事业上的成功和个人的幸福感。

作为例子,下面是我目前确定的五个重要事项(按优先级排列):

1. 与朋友和家人在一起;

2. 完成铁人赛；

3. 写作并销售我的书籍；

4. 为我的博客增加网络流量，并将这些访问者转换为电子邮件订阅者；

5. 修复和更新我家的部分设施。

聚焦五项目标的强大之处在于，它让我很容易对日常工作做出决定。每天，我都会检查我的待办事项 Todoist App，以及任何需要我花费时间的新任务。如果这项任务与这五个目标中的任何一个不匹配，那么我都会立即拒绝（这是我们将在第 5 章中详细讨论的一个概念）。

其实，并不是强制规定必须只专注于五个目标，也可以少一点或多一点。重要的是提前主动考虑你的时间、任务，以及你要花费最多时间的方面。如果你的每一项行动都直接与目标保持一致，那么完成这些行动时你会感到兴奋，这是拖延的终极杀手。

那么如何确定这五个目标呢？

第一步就是检查你的核心价值观。如果能够将你的内在信念与你当前的职责相匹配，那么专注于那些让你快乐的活动并不难。那么，接下来我们来讨论一下这个问题。

如何识别你的核心价值

你的核心价值观直接关系到你的信仰体系。这些价值观通常会成为个人行为和心态的指导，并创建个人原则体系。你应该在你经常拖延的任务上，通过信守这些价值观来减轻压力。

大多数人的生活中塞满了工作，比他们可能完成的还要多。加上锻炼、家庭事务、社交生活、宗教服务和礼拜、兴趣爱好和公民义务的要求，什么都做是不可能的。

对我而言，我知道我的重要价值是与我的妻子、儿子、家族成员和朋友共度时光。简单地说，我目前的焦点是和我生活中的人在一起，这是我的核心价值，我以此为基础做出其他决定。如果一项活动直接与这个规则发生冲突（并且不可改期），那么我将拒绝做这件事。

不幸的是，大多数人并没有真正意识到自己的核心价值观。我们不去思考什么对我们自己很重要，而是倾向于关注我们的文化、社会，以及媒体所告诉我们的重要的价值观。

虽然思索自己的价值观是什么可能很简单，但是知道并接受核心价值观需要花费很多心思和努力。下面有七项行动可以帮助你确定你的核心价值观。

行动 1　获得正确的心态

花些时间让你的内心摆脱外界的影响。也许你最近帮助朋友们厘清了他们的价值观，或者是在星期日你刚刚从一个教堂活动中溜掉。

这里要指出的是，其他人希望我们信奉的价值观常常会影响我们的决定。因此，要确定你的核心价值观，就要试着抹去其他人在你脑海设定的程序，并开始重新审视你想要的东西。

行动 2　仔细回忆你生活中最快乐的时光

仔细考虑你的职业生涯和个人生活的时间，以确保你的想法使这两个方面得到了平衡。

当你过去感到快乐时，你在做什么？你和什么特别的人在一起吗？有没有其他因素对你的幸福感起到了促进作用？

在你的脑海中想象一下当你真正感觉到幸福和满足时的画面，那些才是你应该建立的价值观。

行动 3　想一想当你为自己感到骄傲的时候

再一次，想想你的个人生活和你的职业生涯。

在你的生活中有没有让你感到特别自豪或自信的？是什么导致了这种情况的发生？是一个伟大的个人成就，还是那些让你可以与其他人分享的你的骄傲？还有谁参与其中了？

行动 4　确定在过去是什么使你获得了成就感或满足感

想想你生活中在哪些方面会有空虚感，以及它们是如何被填满的。

当你的需求被满足时，那些特别的经历会为你的生活增添意义吗？都有谁参与其中，他们给予的外部支持有多大？还有其他的影响因素吗？这些经验给你的生活带来了什么影响？为什么？

行动 5　基于你过去幸福、自豪与满意的经验确定核心价值观

回顾一下行动 2 至行动 4，并认真考虑为什么每个经历都是积极和令人难忘的。它们有共同的因素吗？所有这些经历是否有明显缺失的东西呢？

行动 6　将经验与价值观词汇联系起来

你的核心价值观指导你并决定你的行为。为了继续成长，你必须经常明确你的价值观，然后努力在生活中做出必要的改变，这样你的行为和态度就会符合你的价值观。

忠于你的价值观有助于培养幸福感、满足感和成就感，因为你的信念与你的行为是相一致的。你可以参考我的朋友巴里·达文波特（Barrie Davenport）的价值词语列表，以帮助你开始寻找那些词语，并对你认为重要的事情进行最好的描述。

其中一些价值观词语包括：

- 成就；
- 控制；
- 可靠性；
- 友情；
- 承诺；
- 享受；
- 感激；
- 欣赏；
- 灵感；
- 一致性；
- 归属感；
- 慈善事业；
- 希望；

- 忠诚度；
- 纪律；
- 创意。

行动 7　优先考虑你的重要价值观

这是一个重要的步骤，但这可能是这个过程中最困难的一步。为了找出你最重要的价值观，请设想你必须在两个价值观之间进行选择的情况。例如，如果你需要比较慈善事业和归属感这两个核心价值观，那不妨问自己一个这样的问题："假如需要在移居国外去做有价值的援助工作，与留在家乡做志愿者或在当地做慈善工作之间进行选择的话，我该怎样决定呢？"把这些留在头脑里的同时，仔细看看自己的价值清单，认真地思考你自己的核心价值观。

重复这个过程，直到你确定了与潜在的任务直接相关的价值观。一旦你在头脑中明确了这些，你将对你选择的五个核心目标做出更有效的决策。

如何选择你的五个核心项目

我希望你能从本书中学到的最重要的一课是，接受这样一个事实，即你每周只有有限的时间。你是愿意充满压力地把时间花在数十项不同的职责上,还是想专注于一些真正丰富你生活的核心行动?

希望你选择了第一个选项!

如果是这样的话,我推荐另外一个练习,它需要三个步骤来完成。

首先,写下(至少)25个你可能关注的项目或活动。如何定义项目取决于你自己。但总的来说,我认为一个项目至少需要每周花费一个或两个小时时间来完成。这可以包括:

- 指导孩子的足球队;
- 开展一项副业;
- 锻炼;
- 学习新技能;
- 去上学;
- 开展与工作有关的项目;
- 计划一次旅行;
- 买新房子;
- 约会或正在亲密关系当中。

现在,我要承认,将这些活动标记为项目,特别是约会和关系的部分,可能有些怪异。

不是很浪漫，对吧？

但是用这种方式看看：如果你的日程安排中充满了太多的任务和项目，那么我保证你很可能不会出现在人际关系中。在我看来，如果你想让一件事持续下去，那需要将它变成一个具有优先级的事项。

要开始第一步，我建议你写下未来一年你想要关注的每一个可能的目标和结果。不要害怕记下在你脑海中出现的任何东西，因为你可能会发现一些对你来说真正重要的事物。

第二步，花 30~60 分钟检查这份清单，并将你的注意力集中在五个项目上。这样做的方法之一是将每个项目与上一个练习中得出的核心价值进行匹配。问问自己："在接下来的几个月里，我最感兴趣的是哪个事项？"当然也务必要考虑那些如果被你忽略将会导致严重后果的事项，例如你的工作。

当然，你所选择的事项应该包括你的个人责任与一两个让你感到兴奋的项目，并达到一个很好的平衡。

第三步，承诺在接下来的几个月里只关注这五个项目。这意味着你不得不刻意拖延许多听起来有趣但你没有时间做的项目。是的，这需要一点意志力（并且经常说不），但你会发现，当专注于少数活动时，你更容易完成任务并避免陷入拖延的陷阱。

一次只关注五个项目并不足够。如果你不知道你想要达到什么样的结果，那么你仍然会拖延下去。这就是我建议确立 SMART 目标的原因，我们将在下一章中继续讨论这个问题。

学以致用 3

关注五大核心项目

克服拖延的最简单的方法之一就是通过缩小你的注意范围，关注少数几个项目。我推荐的方法是 25-5 法则。通过这个策略，你列出生活中 25 个对你有强烈吸引力的项目或领域，并在其中确定你最想要的五个项目或领域，并承诺完全忽略其余的项目或领域。

为了聚焦你的关注领域，我建议你完成一个七步练习来确定自己的价值观。

1. 通过挑战受到外部影响的每一个信念，获得恰当的心理状态。如果你觉得某个想法受到了别人（父母、朋友、宗教机构、媒体等）的影响，那就花些时间重新审视你的想法，看看它们是否是你真正相信的东西。

2. 回忆你生活中最快乐的时光，问问自己："我正在做什么？我和谁在一起？我为什么感到高兴？"

3. 想想你为自己感到骄傲的时候。你完成了什么？怎样的成就让你有如此感受？这项活动中的什么让你感到满足？

4. 找出过去让你感到满足或满意的原因。这段经历如何以及为什么给你的生活带来意义？

5. 根据过去经历的幸福、自豪和满意来确定你的核心价值观。回顾前面的步骤并确定这些高峰体验时刻的共同因素。

6. 将这些经历与价值观如成就、享受、慈善和创造力等词汇联系起来。

7. 按重要性对这些价值观进行排序。

学以致用 3

在确定了自己的价值观之后,再完成另外 30~60 分钟的练习,以确定你的五个核心项目:

- 写下(至少)25 个你可以关注的项目或活动;
- 花 30 分钟检查一下这个清单,把你的关注点缩小到五个项目;
- 承诺在接下来的几个月里只关注这五个项目。

第 4 章　设置季度 SMART 目标

正如我们在第 3 章中讨论过的,预防拖延的一个简单方法是只关注直接与少数目标相一致的活动。这之所以有效,是因为无论你什么时候想要推迟一项任务,你都可以提醒自己,你的不作为会对你最近的期望产生负面影响。

当谈到目标设定时,我的建议是为每个季度设定 SMART 目标,而不是大多数人所设定的年度目标。

SMART 原则

首先,让我们从一个简单明确的 SMART 目标开始。

乔治·多兰(George Doran)在 1981 年 11 月那期的《管

理评论》(*Management Review*)杂志中首次提出了 SMART 原则。它代表：

- 具体的（Specific）；
- 可测量的（Measurable）；
- 可实现的（Attainable）；
- 相关的（Relevant）；
- 有时间限制的（Time-bound）。

具体的

具体的目标回答六个"W"的问题，即"谁""什么""哪里""什么时候""哪个"和"为什么"。

当你可以明确这些时，你就会知道需要哪些工具（和行动）来达到目标。

- 与谁有关系？
- 你想完成什么？
- 你会在哪里完成这个目标？
- 你想什么时候做？
- 完成的过程中存在哪些需求和限制？
- 你为什么做这个？

具体化非常重要，因为当你到达一些重要节点（日期、地点和目标）时，你就明确知道你已经实现了自己的目标。

可测量的

可测量的目标是指那些用精确的时间、数量或其他单位来定义的目标，这些单位本质上是那些能够用来衡量目标进展的任何东西。

创建可测量的目标可以很容易地确定你是否从 A 点进展到了 B 点。可测量的目标还可以帮助你确定你是否在沿着正确的方向前进。一般来说，一个可测量的目标是用来回答那些以"多少"开始的问题，诸如"多少"和"多快"。

可实现的

可达到的目标延伸了你认为具有可能性的边界。虽然它们并非不可能完成，但往往充满挑战和障碍。创造一个可达到的目标的关键是，回顾你当前的生活，看看自己已经能够达到的水平，并设置一个略微高一些的目标。这样即使是失败，你也仍然做了有意义的事。

相关的

相关的目标集中在你真正渴望的东西上。它们与不一致或分散的目标完全相反。它们与你生活中一切重要的事物保持一致，从事业的成功到与所爱的人在一起的快乐。

有时间限制的

有时间限制的目标具有时间期限。在设定的目标日期之前，达到预期的结果。有时限的目标是具有挑战性和有底线的。你可以把目标日期定为今天，也可以将其设定为几周、几个月或几年后。创建一个有时间限制的目标，其关键在于通过反推工作和发展习惯（稍后将更多地讨论这部分），你能够在最后期限完成工作。

好吧，这里可能会引起混淆。有时"三个月规则"并不适用于所有情况。有时需要你关注的某个主要目标，并不完全适合用一个季度的时间来完成。

例如，目前我的一个目标是完成一项铁人赛事，但是在我写这本书时，离这件事还有五个月。为这个赛事所进行的训练仍然是我每天的重要部分，但直到本季度结束后两个月，我才能达成这个目标。

这里的重点和这本书中的其他内容一样，三个月的规则并不是铁规律，把它作为一个总原则，而不是绝对的原则。

SMART 目标的实例

SMART 目标是清晰明确的，即对于你想要达成什么样的结果毫无疑义。到截止日期的时候，你就会知道你是否已经达成了特定的目标。

作为例子，以下是与许多人都认可的七个核心价值观相关的 SMART 目标。

1. 职业方面：三个月内，我将通过推荐、网络和社交媒体营销活动，对我的公司网页进行设计以获得五个新项目。
2. 家庭方面：我会加强与家人的感情，六个月内至少带他们度一次假。通过每月预留两个小时为家庭旅行进行计划，我能够实现度假计划。
3. 婚姻方面：我会确定三件我真正喜欢的有关伴侣的事情，并在周五晚上告诉她这些事情。通过周二安排出 30 分钟的时间来完成这件事，这样我就可以回忆起我们共享的所有美好时光。
4. 精神方面：每天我会花五分钟时间来感谢我生命中一切美

好的事物。通过在午餐前先留出时间记住重要的事情，我能养成这种习惯。

5. 艺术方面：每周，我将花三个小时学习和练习画水彩画。这可以通过消除不重要的习惯，比如看电视来达成。
6. 财务方面：我将节省每月薪水的 10%，并通过先锋（Vanguard）基金投资指数基金。
7. 健康方面：我每天至少锻炼 30 分钟，每周三天，直到 12 月 31 日。

希望这七个例子能让你了解如何创建 SMART 目标，从而实现平衡的生活。

下面，让我们来探讨可以创建目标的六个行动步骤。

行动 1　关注五个项目

如前所述，人们经常拖延，因为他们对所有的事情或要求都回答"好的"，这会让他们感到不堪重负。这就是为什么我建议只关注五个项目，就像我在前面讨论的那样。

你不仅会在生活中的这五个方面取得更多的进展，还会因为你不必在过多的个人职责中挣扎而减轻压力。

行动2　关注三个月目标

我的经验是，长期目标会不断转换。今天看起来很紧急的事，往往到了下个月看起来就不那么紧急了。长期目标，即持续六个月以上的任何事情通常都是去动力化的。当知道截止日期是几个月后时，你很容易拖延今天的任务。结果是你会推迟这项任务，承诺下周开始着手做。接下来，你也知道，这项工作一年之后也没有任何成就。

你可以通过将生活中的五个优先事项分解为三个月的SMART目标，来对抗拖延倾向。

作为一个例子，我们再来谈谈我目前的五个项目：

1. 与朋友和家人在一起；
2. 完成铁人赛；
3. 写作并销售我的书籍；
4. 为我的博客增加网络流量，并将这些访问者转换为电子邮件订阅者；
5. 修复和更新我家的部分设施。

这些是我目前正在关注的总体结果，但大多数都没有一个具体结果。所以，需要把它们变成一系列 SMART 目标，即我希望在2017年9月30日之前实现的。正如你将看到的，其中一些是一次性重要事项，另一些则是我想要在我的生活中融入的特定习惯。

与朋友和家人在一起

- 每天晚上5点以前关闭笔记本电脑。
- 每天早上7点到上午11点花时间跟我儿子在一起。
- 至少每两周与我的妻子约会一次。
- 至少每两周拜访我的父母一次。
- 2017年7月，全家在马萨诸塞州科德角度假一周。
- 2017年8月，与我的妻子和儿子一起去纽约的美丽湖度假一周。

完成铁人赛

- 每周平均训练时间为20小时。
- 完成两三次20英里的跑步训练。
- 完成二或三次3英里游泳。
- 完成一次或两次100英里的自行车骑行。
- 完成三项短距离铁人三项比赛。
- 完成半程铁人赛。
- 2017年11月4日参加在佛罗里达举行的铁人赛。

写作并销售我的书籍

- 撰写、出版并推广我的三本新书——《拒绝拖延症》《提升你的生活方式》《大师笔记（修订版）》。
- 为这三本书创建电子版本的跟进系列。
- 通过亚马逊公司的营销服务机构为我的五本畅销书中的每一本设置点击付费活动。

为我的博客增加网络流量

- 通过针对特定的关键字优化 50 个最受欢迎的网页，增加流量。
- 为 10 种最优秀的内容类别建立电子邮件销售序列。
- 每周至少撰写和发表两篇文章。

修复和更新我家的部分设施

- 敲定我的家庭办公室的结构。
- 在我们的花园里建一个蝙蝠屋（WellnessMama.com 上的一篇文章解释了建蝙蝠屋的益处）。
- 修理至少十件家里的物品。

这些是我根据自己的五项目清单所列出的重要事项。正如你所看到的，将优先事项分解为一系列具体的目标并不难，这些具体目标都有具体期限和行动。

行动3　使用每周回顾来调整你的目标

当你有很多其他的职责时,始终如一地努力实现目标并不总是很容易的。幸运的是,有一个解决这个难题的简单方法,即安排每周回顾,为接下来的七天制订一个每日行动计划。

每周回顾是很重要的,因为生活总是在变化,这意味着你需要对你的安排持续做一些小的调整。有时你也许会发现,你不再对五个核心项目中的某一个感兴趣了。所以,你也可以利用每周回顾把你的注意力转移到其他事情上。

每周回顾是反拖延过程的重要组成部分,因此我们将在"规划你的一周"部分中详细讨论这一概念。

行动4　将每个关注点转化为一个项目

回想一下人们拖延的八大理由。你将面临的最大障碍之一是不知道如何开始一项任务。当你的待办事项列表上有"写报告"时,这件事情很容易被推迟,因为这个行动项目没有明确的第一步。

这就是为什么你应该把一个多步骤的活动转变成一个项目——项目中的每个任务都可以在短时间内完成。

创建项目列表的好处是你永远不必猜测你的下一个行动。相反，在你完成项目的过程中，可以使用《搞定：无压力工作的艺术》一书中介绍的一项关键技术，即不断问自己一个问题："我下一步做什么？"一旦你明确了这一行动，你就可以在五个核心项目中取得进展。

是的，表面看来，这可能像是一个过于简单的建议。但我认为这是一个非常有效的策略，因为当人们不知道下一步需要采取什么行动时，他们就经常会在不明确的任务上拖延时间。例如，你正在阅读的这本书，从构思到出版需要超过一百个独立的行动，还要除去每天写作 30~90 分钟的习惯培养。以下是我的项目列表中首先要完成的 12 个步骤，甚至在我写下第一个单词之前，就需要完成这些步骤。

1. 为这本书进行基本的构思。
2. 在亚马逊网站上评估该图书选题的利润大小；此外还要确认这个选题是否属于热门话题。
3. 在我的读者中进行调查，确定他们对这个话题有什么特殊要求。
4. 在我的电脑桌面、印象笔记和简洁日程 App 中为该选题创建一个文件夹。

5. 确定本书如何吸引读者读下去，以及本书的基本前提。

6. 用两周的时间，通过头脑风暴确定本书需讨论的要点。

7. 确定七个目标关键词。

8. 研究本书的主题，包括阅读相关书籍，查看Blinkist[①]，使用谷歌查找高质量的参考文献。

9. 完成有关本书的"大脑收集"，就书中可能包含的观点进行头脑风暴。

10. 通过检查笔记确认可能需要补充的章节。

11. 将索引卡按照逻辑顺序排序。

12. 完成编写大纲示意图。

正如你所看到的，这个项目清单是一个混合包，里面包含了需要几分钟到几个小时努力所能完成的很多行动。但关键点在于，要通过为整个过程的每个步骤确定清晰的行动，为每个项目确立一个目标桩。如果能够正确完成，这个项目清单将成为你一整天都会参考的宝贵的伙伴。

创建项目列表并不难。事实上，使用两款完全免费的很棒的工具类应用软件——印象笔记和简洁日程，你可以在五分钟

[①] Blinkist 是一款手机藏书阅读管理应用软件，帮助用户收集手机图书。——译者注

内开始创建项目列表。

印象笔记和简洁日程 App 各有其特色，下面我就简要介绍一下它们，然后我们会讨论如何使用它们来协助你跟进你的项目。

印象笔记是一个跨平台工具，你可以记笔记，捕捉创意，并将这些信息存入根据你的个人需求所设定的文件夹结构中。你可以使用印象笔记来创建简单的文本笔记、上传照片、录制语音提醒、添加视频，以及剪辑特定的网页。任何可数字化的内容都可以上传到印象笔记中。

我喜欢印象笔记，是因为它可以成为一个捕捉任何重要的创意或想法的中心、一个你想实施的策略、一个书签网站，或一个多媒体文件的时间标记。基本上无论何时，当你遇到一个对于你的长期成功至关重要的信息时，你应该把它放到印象笔记中。

开始使用印象笔记非常容易。我的建议是为你的技能创建一个"笔记本"，然后为你脑海中浮现的每一个备忘或想法添加注释。印象笔记中有一篇题为《组织笔记本》(*Organize With Notebooks*)的文章可以帮助你完成整个过程。

简洁日程是创建和管理项目列表的完美工具。我更喜欢这个应用程序的原因是,我可以维护多个项目,给每一个项目存储任务,同时也能创建简单的每日事项列表,而不会让我感到被各项工作淹没。

像印象笔记一样,简洁日程也不难使用。只需依照你的技能创建项目,然后给项目添加任务,并把这些任务安排到每周的例行工作中。为了便于使用,简洁日程的博客提供了一个快速使用指南。

如果你对这些应用程序中的任何一个还有不清楚的地方,我制作了简单的视频可以帮你解决。

行动5 回顾你的目标

生活中取得成功的关键是一致性。这就是为什么你应该回顾五个项目的每个项目清单,并确保完成每一个重要的节点。我建议你为整个进程的每一步创建具体的测量标准,并采用每周回顾的方式确保你正在完成它们。

留出时间进行每日回顾是实现任何目标的关键一步。不管你有多忙,如果你不能每天回顾你的目标,你就不太可能成功。

事实上有时候，生活会在你追求长期目标的过程中抛出一个大大的曲线球。通常，这些挑战会让你感到沮丧，并使你觉得目标不那么令人兴奋。所以，我的建议很简单：每天至少回顾两次你的目标。这样，你就可以把它们放在你大脑的最前线，并提醒你自己，为什么每天需要采取特定的行动。

行动 6　评估你的季度目标

你每天都在为实现你的目标而努力奋斗。有问题吗？问题是有些人从不退后一步，去理解为什么追求这些目标。换句话说，人们不会重新审视他们的目标，看看它们是否真的值得追求。这就是为什么每三个月评估你的目标是很重要的，就是要确保它们与你的人生目标一致，然后根据你所了解到的东西创建新的目标。

你可以通过回答以下类似的问题来完成这个评估：

- 我是否达到了预期的效果？
- 什么是成功的策略，什么是失败的策略？
- 我为完成这些目标是否付出了 100% 的努力？如果没有，为什么？
- 我取得的成果是否与我的努力相一致？

- 我应该为下个季度制定一个类似的目标吗？
- 我应该去除哪些目标或改变哪些目标？
- 有什么新的东西我想尝试吗？

虽然需要花几个小时完成以上的评估，但每个季度你都应该花时间去测评一下。该评估为你提供了一个根本性的保护，防止你把时间浪费在与你的长期计划不一致的目标上。

现在，确保你有足够的时间来完成这些目标，最好的方法就是从你的生活中去除一切阻碍你采取行动的干扰项，这就是我接下来要探讨的。

学以致用 4

设置你的季度 SMART 目标

我们经常拖延那些不能即刻提供满足的任务。然而，如果你给每个任务都附加一个直接目标，就能增加你的动力，提高你开始着手这个任务的概率。最简单的办法就是设置季度（即三个月）的 SMART 目标，而不是大多数人所设置的年度目标。

SMART 代表：

- 具体的；
- 可测量的；
- 可实现的；
- 相关的；
- 有时间限制的。

你可以通过完成一个简单的六步练习来创建这些季度目标：

1. 专注于五个项目，保证只专注于这些活动；

2. 立即制定目标的直接期限（建议每三个月）；

3. 利用每周回顾来跟踪和调整你的目标；

4. 通过明确识别所有需要完成的步骤，把每个关注点变成一个项目；

5. 回顾你的目标，提醒自己在获得长远利益的事情上采取行动，而这些行动可能是你想拖延的；

6. 每季度评估你的目标，并利用这些反馈为接下来的三个月制定更有效的目标。

第 5 章　对竞争性的项目和职责说"不"

学会说"不"在治愈拖延症方面是重要的一环，但我们在实施的过程中将会遇到很多的困难。之所以人们难以说"不"，并不是因为它本身很难做到，而是因为当涉及如何达成个人目标时，大多数人并没有做出所需要的深层次的承诺。

这一步骤的要求是，要敢于对任何与你为自己设定的目标不完全一致的任务、项目或职责说"不"。

这样做能够在治愈拖延症整个过程中起到非常重要的作用，主要有以下三个原因。

首先，到目前为止，那种被各种事务淹没的感觉往往是造成拖延的最大原因。当觉得每天都有太多的事情要做时，你就很容易推迟有难度的事情，因为你没有足够的体力和精力去很好地处理它们。

其次，仅仅是因为你不想让任何人失望而陷入由于答应别人的要求，而占用你自己时间的陷阱。我们都希望被人喜欢，所以我们会答应别人事情，即使我们知道我们没有时间去做。

最后，我们很容易成为项目的"拙劣的修补工"，有些项目听起来很有趣，但并不是五个核心项目的一部分。这是一种危险的做法，因为当你对某些新事物说"是"的时候，你基本上对那些你已经认定是重要的项目说"不"了。

回想一下第3章，你通过头脑风暴所收集的25个项目的清单。当你选择五个核心项目时，你也不得不对其他20个项目说"不"。问题在于，这20个项目同样是你感兴趣的项目。不幸的是，在某种程度上，它们可能是你最大的分心物，因为你经常会产生对这些活动的短期冲动（可能是由一些内疚感引起的）。

例如，当我完成25-5规则的挑战时，在我的清单上，还有以下15个项目。尽管每一个都是我喜欢的极具竞争性的项目，但是与我选择的五个项目相比，我选择了放弃它们。

1. 发明一个跟体育相关的产品。
2. 推出一个与习惯和个人发展有关的播客。
3. 创建一个与习惯和个人发展相关的信息产品。
4. 扩大我现有的自助出版教学产品的规模。
5. 掌握如何在 Facebook 上投放广告。
6. 继续在"播客之旅"推广我的书《习惯积累》(*Habit Stacking*)。
7. 重新开始练习吹小号。
8. 加入 CrossFit® 健身项目,开始锻炼身体。
9. "提高"我的烹饪和备餐水平。
10. 开始在我家房子周围种植花草。
11. 分段徒步阿巴拉契亚步道(Appalachian Trail)。
12. 多参加本地社团的聚会,扩大我的社交圈。
13. 学习西班牙语。
14. 提高我的摄影技巧。
15. 加入当地房地产投资俱乐部。

当然,这些想法中有些很不靠谱——清单里的这些想法大多听起来不错,但我现在不知道如何让这些活动适合我的日程安排。另一方面,确实有一些想法我现在就想去做,但我意识到花在它们身上的时间,是从对我来说很重要的五个项目中分出去的时间。

所以，现在你知道对那些与你的核心项目发生冲突的事情说"不"是很重要的。

问题是在工作时怎样说"不"，才能不让别人失望或不带来麻烦呢？

好的，在日常生活中，你可以通过完成下面五个练习来做到这一点。

练习1　尽可能早地有礼貌地说"不"

坦然面对人们提出的要求。如果你知道你不能完成一项任务，那就立刻坚定地告诉他们。

在这里，诚实是最好的策略。告诉别人你有几个需要你充分集中注意力的优先项目，你不能分心。通常，大多数人都会理解关注优先任务的需求。

尽量在积极的氛围里结束谈话。如果你不能提供帮助，可以推荐能帮忙的人。如果你知道有用的资源，可以提供一个替代方案。如果你认为将来某个时候你也许能够提供帮助，那就请这个人在某个具体的日期再来跟进。

说"不"并不会使你成为一个自私的人，而是会让你成为清楚地知道什么是最重要的人。有了明确的目标，你就不会被别人的要求分散完成重要项目的注意力。

练习2　确定强制性任务

我们都有一些虽然不总是有趣但仍需要完成的义务，因为它们是成为一个正常的、良好适应社会的成年人的重要组成部分。换句话说，如果你拒绝每一个对你的时间请求，那么在生活中，你可能不会走得太远。

我们都有一些必须做的事情，所以你应该高兴地接受你必须要做的事情，不管你有多么不喜欢它们。

我唯一的建议是将每个任务与你之前确定的五个核心项目之一联系起来。

比如说，假设你讨厌洗碗。这是一个烦人的任务，它会影响你的日程安排，有时你太累了，顾不上惦记洗碗池里的那几个盘子。另一方面，如果让婚姻和谐是你的一个重要的目标，那么你可以把洗碗看作其中的一个重要组成部分，因为你正在做一些让你的爱人开心的事情。

现在，如果你发现自己拖延了这些强制性任务，不要担心。在第7章中，我将详细介绍即使当你遇到令人感到害怕的特定任务，也可采取一致行动的14种方法。

练习3　将每个请求与你当前的项目进行比较

正如德国军事战略家赫尔穆特·冯·毛奇（Helmuth von Moltke）曾经说过的那样："两阵交锋，任何战略都不管用。"

我从这句话中得到的启迪是，虽然在精神上只承诺五个项目很容易，但当你发现新的机会，或来自你生活中的其他人要求你的时间时，坚持下去是另一个挑战。

你已经确定了对你而言重要的事情，因此当有人请求你做某事时，请将其与你想要的结果进行比较，如果它们不匹配，那就用于对请求者说"不"。

通过以下三个简单的方法，可以快速对占用你时间的请求进行评估。

1. 将新的机会与当前五个项目列表进行比较。现有的项目是不是不如新项目重要？如果是这样，问问自己，如果你把它从你的生活中删除或搁置，最糟糕的情况会是什么样子。
2. 找出你可能有兴趣更换现有项目的原因，诸如因为你遇到了一个具有挑战性的障碍吗？你担心会犯错误吗？你是否因为缺乏明显的结果感到沮丧？你厌倦它了吗？

这些都是需要思考的至关重要的问题，因为有时候我们渴望开始新事物的根源在于害怕面对重要障碍。取消现有目标是可以的，但要确保你做这件事是出于正确的理由。

3. 如果不能取代一个旧项目，但你仍然想做一个新的项目，那么就要弄清楚你能够从生活中移除什么。也许你愿意每天把看电视的时间减少一两个小时，或者可以减少花在你最喜欢的业余爱好上的时间。

要记住的是，当你添加新的项目时，所需的额外时间必须来自某个地方。所以，如果你想增加一个新的关注点，你就要牺牲专注于其他事情的时间。

你的生活总是充满了对时间的需求。当你建立你的事业时，你的时间变得更受欢迎时，尤其如此。那时你需要知道什么才是真正重要的、什么不是。如果你不能在自己的生活中建立牢固的界限，那么你的空闲时间就会被连续不断的请求削减掉。

练习4　与你的老板谈论你的首要项目

虽然理论上，只关注与目标相关的项目听起来很好，有时候你需要面对现实，去做你可能不喜欢的事情。

如果指望能长期干这份工作，很显然，你不能对你的老板说"不"。但是如果你因为有几十项任务而感到快被淹没了，那么你可能需要坦诚的交谈，以缓解一些工作压力。以下是与老板交谈的四种策略，确保你正在做那些对你的工作来说非常重要的项目。

1. 提前做好功课。确定对公司底线产生最大影响的两项或三项常规任务。完成这些工作使你获得报酬。接下来，确定阻碍那些核心活动的常规任务。理想情况下，这些常规任务是可以委托给他人或者干脆从你一天的任务中剔除掉的。
2. 安排与老板的一次会面，并简单地说明你想见面的原因。这将让他有机会为会谈做准备，并且能够提供有益的反馈意见。这个预先通知很重要，因为你不希望你的老板觉得你向他抛出了一些需要立即做出决定的事情。
3. 以确认你一直在努力跟上你的工作项目作为谈话的开始。谈论两三个你以前发现的有重要影响力的任务。问问你的老板，他是否同意这些是你的优先事项。如果不是，那么问问他认为哪些工作对你来说非常重要。不断地问问题，探索问题，直到双方都能就你日常的工作重点达成一致。
4. 谈论某些项目和随机任务如何限制你专注于这些关键任务

的能力。通常的罪魁祸首是会议、电子邮件和随机干扰。当然，它们通常看起来很紧急，但是常常会变成消耗时间的任务，这会让你拖延那些真正重要的活动。在这一步中，提高效率的关键是不要抱怨工作过度劳累，而是为解决这个问题提供方案。这些建议可以包括：避开与你的核心任务无直接关系的会议；取消那些与你的优先事项不一致的任务；向团队成员或下属授权那些与你的核心任务不一致的工作职责；要求增加临时工作人员或新员工减轻工作负荷；还有降低某些任务的频率（如每周代替每天，或者是每月代替每周等）。

当然，去你的老板那里承认你无法完成所有的事情，看起来可能是一次可怕的谈话。但是你所做的是试图调整你的时间，这样可以专注于为公司创造最大利润的工作。如果你能证明消除不重要的因素能够使生产效率得到提高，那当这次谈话能为你带来你想要的东西时，这就应该是个很容易做出的决定。

练习5 问问自己："我的讣告上会怎么写？"

如果你不停地思考生活中重要的事情，那么说"不"是很容易的。这样做的一个方法是想象你的讣告中会写些什么。

现在想想你脑海中的词语。你是否喜欢一个积极的描述，比如说你是慈爱的父母、很棒的爱人、环游世界的旅行者、宗教团体的积极成员，以及热爱生活的人吗？或者你会选择一个讣告，里面介绍你对每个项目都说"是"，工作到深夜，并且总是选择你的事业而不是你的个人目标？

希望你选择了第一个选项——我知道这是我更喜欢的描述。

当你与自己的目标保持一致，并且对任何与当前的重点不相符的事情说"不"时，你就可以腾出时间去关注那些在你生命结束时值得一读的活动。

上述五种说"不"的方式都是坚定的，但并不是要求你与生活中的重要人物切断联系。一旦你腾出了额外的时间，你可以创建一个每周的时间表，专注于你的五个核心项目，这是我们下一步将要讨论的内容。

学以致用 5

对任何不符合你的目标的事情说"不"

避免拖延发生的一个简单方法是,对任何与你自己设定的目标不完全一致的任务、项目或职责说"不"。

这对你有以下三种帮助。

1. 消除因经常超量付出而产生的淹没感。

2. 停止仅仅因为你不想让别人失望而接受任务。

3. 减小你忙于笨拙的修补性事务的可能性,这些事务与你的季度目标没有直接的关系。

你可以通过以下一贯坚持的五个习惯来说"不"。

1. 如果你知道不可能完成一项任务,就礼貌而坚决地说"不"。告诉对方,你有几个需要全力关注的优先项目,不能分心。

2. 确定那些无法避免的强制性任务,并将其附加到一个重要的目标或价值上。

3. 将每个时间请求与当前五个项目进行比较。如果它们不匹配,那么就要勇于对请求者说"不"。

4. 与你的老板谈谈你的工作计划,并确保双方在有关你的工作重点方面达成一致。然后消除任何与这些优先事项不一致的任务或项目。

5. 问问自己:"我的讣告上会写些什么?"根据对你而言真正重要的价值来做出选择。

第 6 章　做每周日程表

迄今为止，正如你所看到的，战胜拖延习惯的一个理念是在你的生活中确认一些核心活动，给予它们特别的关注，并消除其他事务。这不仅能够移除那种淹没感，而且还能释放你的时间，使你不会拖延真正重要的事情。

所以，问题是："我怎样才能找到时间，平衡所有这些项目和我的日常职责？"

你可以从你的每周计划表开始。

每周制定一个日程表可以让你有机会明确接下来的七天你所选择的关键任务。它还会作为你的第一道防线，来对付那些可能使你的一周脱离轨道的随机任务，而它们恰恰是让你感到要被淹没的原因。

现在，每周回顾并不是要把尽可能多的活动安排到你的一周当中；相反，它是用来确保你在五个核心项目上花费时间最大化的好办法。

为了说明我想表达的意思，让我们来讨论一个流行的故事，这个故事在关于生产率和时间管理圈中流行（故事的来源不详）。

大石块与如何专注于重要的东西

故事从一位睿智的教授开始，课堂上，他站在讲台前面，手里拿着一个大空罐子。他用大石块把罐子装满到顶部，并问他的学生们是否觉得罐子满了。

学生们说是的，这个罐子确实满了。

然后，他往罐子里加了些小鹅卵石，摇动了一会罐子，这样小鹅卵石就会在大石块中间散开。

"现在罐子满了吗？"

学生们认为这次罐子满了。

然后，教授把沙子倒进罐子里，填满剩下的空间。学生们认为这次罐子彻底装满了。

石块相当于你正在做的最重要的项目和事情，比如和你爱的人共度时光，保持良好的身体健康。这意味着，如果把小鹅卵石和沙子抛掉，罐子仍然是满的，你的生活仍然有意义。

小鹅卵石代表在你生活中有意义的东西，而且如果没有它们的话，你依然可以生活下去。这些小鹅卵石确实会给你的生活带来意义，比如你的工作、房子和业余爱好，但它们对你过有意义的生活并不起决定作用。这些事情经常来来去去，对于你整体的幸福感来说并不是永久的，或者不可或缺的。

最后，沙子代表了你生活和物质财富中剩余的"填充物"。这些可能是很小的事情，比如看电视或跑跑腿。它们对你的生活没有多大意义，只不过是打发时间或完成一些小任务。

这里的比喻是，如果你开始就把沙子放入罐子里，你就不会有大石块或小鹅卵石的空间了。如果你把所有的时间都花在那些无关紧要的小事上，那么你就没有足够的空间来处理那些真正重要的事情了。

为了更有效和更高效地生活，请关注"大石块"，因为它们对你的长期幸福至关重要。这些活动可以让你改善自己的事业或健康，比如花时间与家人在一起，锻炼身体，以及与远方的亲人保持联系。

虽然你总能找到时间来工作或者做家务，但重要的是要先处理真正重要的事情。大石块是你的优先事项，而你生命中的其他事物则以小鹅卵石和沙子为代表。

大石块故事的意义

如果你想在你的个人生活和职业生涯中更有效率，最好的方法就是，任何时候只在罐子里放五个大石块。这些大石块可能代表着你想要完成的项目、花时间和家人在一起、实践你的信仰、关注你的教育，或者指导其他人，首先需要将你的五个大石块放进罐子里，否则它们根本无法放进去。

如果你能提前确定你生活中的重要事情，并且留出时间来处理它们，那么从长远来看，在小鹅卵石上拖延没什么问题。

这就是为什么我建议你每周做一次回顾，并将这个时间表作为一个框架来决定你把精力放在哪些日常工作当中。

一周一次（我喜欢周五或周日），看看接下来的七天，安排你想要完成的活动。你可以通过完成以下五个行动来完成此操作。

行动1　回答三个问题

每一周都应该花几分钟时间来进行回顾，对未来七天进行重要的决定性思考。现在是时候回顾你的近期目标和值得关注的事情了。你可以通过回答以下三个基本问题来做到这一点：

1. 我个人的义务是什么？
2. 我的优先项是什么？
3. 我有多少时间？

你对这些问题的回答是极其重要的，因为它们将决定在接下来的七天里你能投入多少时间用于实现你的目标。

这里的教训就是，你不应该每周都安排数百次活动，这是通往淹没感的最快途径；相反，最好能够提前确认可用于实现你的目标和五个核心项目的实际时间。

行动2　将80/20法则应用于你的日程安排

80/20法则是由意大利经济学家维尔弗雷多·帕累托

（Vilfredo Pareto）最初提到的，他指出 80% 的结果往往来自你 20% 的努力。因此，只有极少数的任务会产生出一些可测量的结果。

此规则可适用于任何行业或企业。例如，80% 的收入是由 20% 的销售人员产生的；80% 的投诉来自 20% 的客户；80% 的公路交通是由 20% 的道路来构建起来的。

在这里，我的重点是，无论一周里你需要完成什么任务、肩负哪些职责，只有其中很小一部分能够带来大量的成果。只有少数策略真正有效而其余大部分只不过是浪费时间。

你可以通过构建自己的时间表，将其用于对付拖延，这样，你就可以只关注产生重要成果的行动，并主动忽略几乎所有其他的事情。

在做每周回顾期间，花几分钟仔细考虑这些问题的答案：

- 什么样的任务给我带来 80% 的问题和不快乐？
- 什么样的核心活动对我的职业生涯影响最大？
- 什么样的体验能够产生 80% 的满足感和幸福感？
- 是谁让我享受了 80% 的乐趣，让我真正投入其中？
- 那些让我感到愤怒、不快乐和不满足的 20% 的人是谁？
- 什么样的习惯会使效率或有效性提高 80%？

你不必每星期都问这些问题。但是当你创建每周日程表时，它们应该一直都在你的脑海里。如果你很忙，你可以通过问一个简单的问题来简化这些："这项任务是在帮助，还是在阻碍我完成五个目标的其中之一？"

在这里对自己诚实一点。你的时间是一项有限的资源。花在浪费时间的活动上的每一分钟，都会使你在完成目标过程中减少一分钟。如果你觉得某件事从关键目标中夺走了时间，那就要不惜一切代价，避免去做这类事情。

记住：不要让别人的优先项成为你自己的优先项。

行动 3　在日历上划分时间

这是问题的关键。

在 80/20 法则的基础上确定了这些"大石块"之后，是时候把这些活动放入日历了。

我建议刚开始时使用日历，你可以把你的一天安排成 30 到 60 分钟的时间单元。你有两种选择：

1. 购买一份周历；

2. 使用在线日历，如谷歌日历。

就个人而言，我更喜欢谷歌日历，因为它可以与我使用的其他在线工具（如简洁日程和斯莱克[①]）保持同步。此外，当我计划和妻子一起参与的有趣活动时，她可以在她的设备上查看日程安排。当然，你可以选择你感觉适合自己的工具。

开始就要在日历上划分时间，我建议你执行以下五个操作。

1. 先为涉及他人或最后期限的任务划分出时间。这些时间包括会议、预约、以前安排的活动。这些承诺没有灵活性，所以它们应该是放在日历上的第一项内容。
2. 为那些高优先级的、同时需要更多关注的任务划分时间。这些是对你的生活影响最大的石块和鹅卵石。你可以通过查看项目列表为它们安排时间，确定下一步需要完成的行动，并安排好时间来处理这些活动。如果你不为这些活动安排时间，那你最终将会把注意力集中在那些鹅卵石和沙子上，这些对你的生活没有太大的积极影响。
3. 为自己的业余爱好划分出时间，比如阅读，或聆听一位演讲者谈论你感兴趣的话题。你也可能会发现，留出时间和

[①] 斯莱克（Slack）是一个团队协作平台，集成了邮件、即时通信、技术开发等多项现有服务。——译者注

孩子一起做家庭作业或做睡前准备是有益处的。你也应该留出晚上和配偶约会的时间。并不需要什么奇特或昂贵的物品，只要花时间在一起建立健康的关系，对你的整体幸福就是有益的。

4. 为意想不到的任务和需要立即关注的问题留出"灵活时间"。通过保留你日程表上空出的部分，你可以在不影响重要的工作计划的情况下来处理这些问题。

5. 留出时间处理本周出现的任何想法。如果你和我一样，那么你每星期可能有几十个伟大的想法与你的目标有关。问题是你如何跟进它们？

我的建议是处理这些笔记，以便在以下两种选项之间做出选择：

- 立即采取行动；
- 安排一段时间来跟进。

以下是关于如何让它们发挥作用的。

如果这个想法是可行的，请写出一个关于你将如何做出分步的计划。简单地写下你对这个想法将要采取的一系列行动，然后把这些想法安排到你一周的工作时间当中。

如果这个想法还不可行，那么把这个想法放到每个月回顾的文件夹里。如果你对自己的每一个想法都这么做，你就不会忘记在适当的时候跟进。

如果你想看我的每周日程表的示例，那么请查看我在免费网页上提供的指南视频。

行动4　练习分批处理，创建"主题日"

如果你想把你的时间划分提高到一个新的水平，那么你可以创建通过拓展时间段专注于某种类型的活动的周计划表。这通常被称为分批处理。

分批处理的好处是，你可以消除由于待办任务过多而产生的压力。与其试图在一天内处理所有事情，不如每周留出时间专注于类似的任务。

你可以进行的分批处理活动包括回复电子邮件、在社交媒体上发帖、回复电话、进行约会以及处理行政任务，这些可以在每天中集中一段时间内完成。你经常执行的任何任务都可以进行类似的分批处理。

现在，如果想进一步采取分批处理策略，你还可以创建所谓的"主题日"。主题日的想法是为你的事业创建多重类别，然后每周都留出时间只关注这些活动。这种时间单元可以是一天里一部分或者是一整天，只关注一项活动。对于任何在工作中身兼数职以及对于每天事多到快要崩溃的人来说，这是一个完美的策略。

例如，除了我的日常写作习惯之外，我的工作中还有几个领域可以组合成一个时间块。下面是我在一周中典型的主题日。

- 星期一：写作（除了我的日常习惯外还有额外的写作）。
- 星期二：图书营销。
- 星期三：对话和访谈。
- 星期四：优化博客。
- 星期五：写作和行政任务。
- 星期六：家庭时间。
- 星期天：家庭时间。

主题日的美妙之处在于它消除了你经常遇到的很多压力。当你知道每天你只需要担心一件事情，可以忽略所有压在你心头的其他职责时，你就会感觉轻松多了。你的工作就是只专注于一种类型的任务，并努力完成。

行动 5　为深度工作留出时间

如果你在一个需要高度集中精力的职业领域工作，那么你可以通过划分出专门的时间段来专注于所谓的"深度工作"，并从中获益。

"深度工作"是卡尔·纽坡特（Cal Newport）在其著作《深度工作》（*Deep Work*）中创造的一个术语，它指的是在高度集中注意力的状态下，不被干扰地完成专业性活动。这种专注能将你的认知能力推向极限。

没有深度工作，你就会倾向于停留在较浅的思想层次上，而没能充分发挥出全部潜能。这方面经典的例子就是一些人在处理多重任务，一边写报告，一边完成检查社交媒体，和给朋友发短信等。然后他们就会感到很奇怪，为什么他们总是觉得很忙，却从来没有取得任何重要的成就。

深度工作的关键是不惜一切代价来保障自己不受打扰的时间。虽然这似乎很简单，但请想一下，你是否经常发现本来应该很有意义的工作，被你每隔几分钟就需要接电话或检查电子邮件而分散了注意力后，变得漫无目标。

想要完成深度工作，你必须做几件事情。当涉及社交媒体时，要么不要参与其中，要么将其放在远离工作时间的特定时间。从手机中删除应用程序，以免在工作日中查看这些网站。最成功的人是不会漫无目的地花费自己的时间，通过浏览社交媒体查看其他人正在做什么来满足自己；相反，他们只专注于自己和他们的工作。

此外，做出坚定的承诺，不能反悔。这会使你严格地遵循期限，可能会帮助你保持正确的轨道。如果其他人也依赖于你，那你就不太可能拖延任务。

你还需要充分意识到什么东西最容易分散你的注意力，然后直接处理掉它。你的电话是否整天响个不停，让你每小时改变好几次思路？你是不是和整天大声讲话的人挨得很近，在工作时不得不听他们的谈话？明确什么会分散你的注意力，这样你才能消除问题。

人们经常被生活中的小鹅卵石或沙子分散注意力。然而，如果你主动为重要的大石块预留足够的时间，那么你就会知道，无论生活中发生了什么，你已经处理好了真正重要的事情。

深度工作有助于克服拖延症，因为它要求你留出时间来做你生命中重要的事情。避开"时间的吸血鬼"是关键，因为虽然它们在当时看起来很重要，但从长远来看，它们并非如此。

学以致用 6

设置你的周日程表

设置每周日程表可以让你有机会找出接下来的七天你所选择的关键任务。它也可以作为你的第一道防线，来应付那些随机任务，它们可能会使你的一周脱离轨道，并让你感到不知所措。

请预留几个小时，最好是在星期日，安排你希望在未来的七天内完成的任务。在这段回顾的时间中，你应该关注五个核心的行动。

行动 1　回答三个问题

通过回答三个基本问题来确定什么是值得你关注的：

1. 我个人的义务是什么？
2. 我的优先项是什么？
3. 这个星期我有多少时间？

行动 2　将 80/20 法则应用于你的日程安排

将 80/20 法则应用到你的日程表中，花尽可能多的时间专注于产生重要结果的行动。通过回答下面这些问题，你可以进行活动安排来实现这一点。

- 什么样的任务给我带来 80% 的问题和不快乐？
- 什么样的核心活动对我的职业生涯影响最大？
- 什么样的经验能够产生 80% 的满足感和幸福感？
- 是谁让我享受了 80% 的乐趣，让我真正投入其中？
- 那些让我感到愤怒、不快乐和不满足的 20% 的人是谁？
- 什么样的习惯能使效率或有效性提高 80%？

> **学以致用 6**
>
> 如果你忙于工作，可以通过回答一个问题来简化所有这些，这个问题是关于你正要安排的任务的："这项任务是在帮助还是在阻碍我完成五个目标的其中之一？"
>
> **行动 3　在日历上划分时间**
>
> 在你的日历上划分时间，为你的优先任务、个人爱好安排好时间，并且留出"弹性时间"，应对新的机会，或者采取行动应对任何本周突然出现的紧急情况。
>
> **行动 4　练习分批处理，创建"主题日"**
>
> 在特定的时间或主题日将相似的任务安排在一起，进行分批处理。
>
> **行动 5　为深度工作留出时间**
>
> 为深度工作留出时间，消除所有分散注意力的事情，并完全专注于需要深度集中的活动。

第 7 章　进行 14 项日常练习克服拖延症

前面我们已经用了大量的内容来讨论你的核心项目、设置 SMART 目标、对低级别的任务说"不",以及规划你的每周日程表。但我们没有谈到如何处理每天都可能会出现的、那种片刻的拖延冲动。

我之所以等到现在,是因为当涉及你的时间管理时,拖延往往是一个更大的问题。我觉得当你学会用正确的方式来管理每天的时间(使用我在第 2 章到第 6 章中讨论过的),你就会消除许多导致拖延的问题。

也就是说,我确实意识到,在生活中,你可能每天都会纠结于判断哪些是应该专注做的事情,以抵抗那种不按计划执行的诱惑。

因此，在这一部分，我将介绍14种策略，以帮助你在应该完成的任务上采取行动——即使你没有感到缺乏动力。

在本章中，我将提供一个"选择你自己的冒险"的建议列表。这意味着你不需要做列表中所有的项目来克服拖延；相反，我只想鼓励你仔细挑选出那些适合你个人情况的建议。

让我们开始吧。

练习1　处理任何潜在的紧急情况

在本书中，我提到了许多管理时间和提高工作效率的策略。虽然我认为这些事情很重要，但与处理任何潜在紧急情况的重要性相比，它们就显得不那么重要了。

回想一下我在本书开始时讲述的我父亲的故事。他做出了一个小小的决定，对他的一生产生了持久的积极影响。但他本来可能会选择另一条路，这条路可能会导致他的死亡。

如果你的生活不平衡，只关注工作项目而忽略其他所有的东西，那你可能会错过一个重要的潜在灾难的警告信号。

我们都有这样的时刻，要求我们立即停止我们正在做的事情，并处理一个意想不到的突发事件。这可能包括家人的离世、孩子生病，或者正值冬天的时候你的采暖炉坏掉了。

这些场景不可能让你等到下一个开放的时间单元再处理。相反，你常常需要取消日程表上的一切，立即处理这些问题。

另一方面，有些情况最初是小事情，但可能会转变成给你或你的家庭带来灾难的事件。

这些问题类似于胸部疼痛、收到政府的来信、接到孩子老师的电话，或者在深夜接听到一个情绪低落的朋友打来的电话。

起初，这些情况似乎都不是很紧急。所以，这些事情很容易从缝隙中溜走，尤其是当你很忙的时候。它们就像生活中的其他紧急状况一样，没有警告标志。

但是如果你是一个患有拖延症的人，那么就有可能存在让这些问题像滚雪球一样越滚越大，并成为灾难性事件的风险。

正如我们已经讨论过的，忽视潜在的紧急情况会导致死亡、离婚、自杀、金融破产以及其他可怕的情况。不管你有多忙，立即处理可能发生的紧急情况总是很重要的。

你可以通过问自己几个问题来判断这些问题的后果。

- 如果我忽略这个问题，最坏的情况是什么？
- 这种潜在的紧急情况会对我的朋友和家人产生什么样的负面影响？
- 我能推迟哪些不那么重要的任务或职责来处理这个潜在的紧急情况呢？
- 我今天可以采取哪些简单的行动来解决这个问题？
- 如果它不是一个致命性的问题，我今天也没有时间去解决它，我最快什么时候能够处理它？

在《临终前最后悔的五件事》(*The Top Five Regrets of the Dying*)一书中，邦妮·韦尔（Bronnie Ware）分享了她作为一名临终关怀护士的经历，她为那些生命只剩下最后几周的人们服务。她的病人经常谈论他们希望做的各种事情。对我来说，在这些人们临终前后悔的事情中，最让我触目的就是希望没有花这么多的精力在工作上。

我觉得这是一堂重要的课。因为完全沉浸于日常的工作当中，会容易忽略那些看起来不重要的事情，如果忽略了，它们就会变成真正的紧急情况。当然，你可能没有时间来处理意想不到的事情，但这也是一个优先项。没有什么工作、任务、会议或职位值得让你或你的爱人生活脱轨的。

我的建议是，无论什么时候，如果有紧急情况发生，那就停下你正在做的事情，并且马上去处理它。

- 与你的配偶进行坦诚的交谈。
- 如果感觉不对，请预约医生。
- 给你抑郁的朋友回个电话。
- 打开政府的那封可怕的信件并马上处理。

当然，这样的情形可能会很麻烦，但我保证立即处理它们，将会防止将来产生更可怕的后果。

练习 2　做一个 5 到 10 分钟的每日回顾

一个对付拖延症的简单方法是用 5 到 10 分钟的时间进行每日回顾。这个想法就是花几分钟的时间来考虑一天的优先事项，并确定那些对你当前目标产生最大影响的任务。在回顾时间，你应该问自己这些关键问题。

- 在既定的时间内，我要去哪里赴约或开会？
- 有没有需要立即处理的紧急电子邮件？
- 哪些特定的任务会涉及我每天安排中的分批处理任务或时间单元，我能完成吗？
- 是否有预约或活动可能比预期的要长？如果这真的会影响到另一个任务的时间，这将如何改变我的时间表？

- 对我的长期成功有最大影响的 80/20 任务是什么？
- 每项任务如何与我的季度 SMART 目标相关联？
- 我所害怕的最难、最具挑战性的任务是什么？

这个快速回顾时间段非常关键，因为它提供了每天的框架体系。当你不断提醒自己哪些任务是重要的时，你很难放弃它们，因为你会意识到你的不作为会对你当前的目标产生负面影响。

练习3 关注最重要的任务

如果你一天的待办事项清单中排满了任务、约见和项目，你很容易感到不知所措（然后拖延）。你可以通过确定对你的职业生涯或生活最有影响的任务来简化你的清单，并在早上第一时间就做这件事。这是一个通常被称为"最重要的任务"（most important tasks，MITS）的概念。

我的建议是选择一到三件最重要的任务，必须是要在一天结束时完成的。其中两件应该与一个马上到期的紧迫项目相关，另一件必须是某个长期目标的一部分。

例如，多年前，我确定我的 80/20 法则的核心活动之一是写作。所以，即使我有一大堆紧急任务要在一天之内完成，我通常也能在早上的日常工作之后，花至少 30 分钟完成这项任务。然后，我把早上剩余的时间用在完成另外两件最重要的事（MITS）上。通过立即把注意力放到重要的任务上，我能够进入一种精力充沛的状态，使得我下午能够完成任何项目。

练习 4　吃掉青蛙

在博恩·崔西（Brian Tracy）关于如何克服拖延的经典著作《高效时间管理法则》中，他建议，开始你的一天的最好方式是"吃掉那只青蛙"。这个观念源于美国作家马克·吐温（Mark Twain）的名言：

> 如果你每天早上起来做的第一件事就是吃掉一只青蛙的话，你就会心满意足地度过这一整天，因为你知道没什么事会比这个更糟糕。

崔西的观点是，如果你能最先完成最艰巨的任务，那么从这个重大的胜利之后，所有后续的任务或琐事看起来都没那么艰巨了。我们也会被所知的事实激发动力——你已经解决了一件你最有可能拖延的事情。

这个建议对那些经常拖延、需要专注和努力工作的人来说是完美的。如果你能马上着手，立即开始完成最困难的任务，那么你会发现这并不像你想的那么糟糕。

让我们再次回到关于我写作的例子上。这是一个我经常害怕或不想做的事，但我也知道如果我把它推迟到今天晚些时候，那么我就会增加跳过它或因其他活动分心的可能性。

通过确保自己早上第一件事就是吃掉青蛙，我知道在经过30~60分钟的努力后，我已经完成了一天中最具挑战性的任务。

相信我，最令人鼓舞的经历之一就是知道自己已经在上午9点之前完成了最艰巨的任务。

练习5　使用艾森豪威尔矩阵迅速做决定

尽管设想可以独自做最重要的事情的完美工作日非常棒，但这在现实世界中很少发生。如果你和大多数人一样，你的一天充斥着一连串小的突发事件、无规律的打扰，以及意料之外的变化。如果你没有一个框架，帮你把重要的和没那么重要的事情分开，这些就会让你感到不知所措。

这就是为什么我建议使用一个简单的决策策略——艾森豪威尔矩阵（Eisenhower Matrix）。此命名源自德怀特·艾森豪威尔（Dwight Eisenhower）将军。他在成为美国第三十四任总统之前，曾是第二次世界大战中盟军的最高指挥官。

在部队期间，艾森豪威尔每天都要面对许多任务，做出艰难的决策，因此他每天都必须全神贯注。这使他确立了一个通过紧急性和重要性来决定任务优先权的原则，此原则至今都还在帮助我们。如果这个策略足够好，能够帮助艾森豪威尔领导成千上万的人，那么它也足以帮助你解决你的拖延问题。《高效能人士的七个习惯》(*The 7 Habits of Highly Effective People*)一书的作者史蒂芬·柯维（Stephen Covey）通过赞同艾森豪威尔所使用的决定任务紧迫性的四象限法，进一步普及了艾森豪威尔的概念。

艾森豪威尔矩阵按紧急性和重要性来决定任务的优先顺序，紧急性和重要性会产生四个象限（如图 7-1 所示），每个象限都需要不同的处理方法和策略。除了按紧急性和重要性给任务排序外，矩阵还确定了你应该授权给别人的或完全从你的生活中删除掉的任务。以下是该系统的简要概述。

象限 1：紧急且重要

象限 1 的任务是应当"首先做"的任务，因为它们以某种方式对你的生活或事业产生至关重要的影响，并且这些任务需要马上完成。它们是为了避免消极的结果必须要做的事情。重

拖延心理学（行动版）
THE ANTI-PROCRASTINATION HABIT

	紧急的	不紧急的
重要的	做 立即做	决定 安排时间去做
不重要的	授权 什么人能为你做这件事	删除 清除它

图 7-1　艾森豪威尔矩阵

要的是，要能够在其他任何事情之前管理象限 1 中的任务，所以你会希望尽可能快地完成这些任务。

在你的职业生涯中，象限 1 中的任务例子可能是回复一个来自客户的对时效性要求很高的电子邮件，或者完成一个需要在一天内完成的报告。

这个矩阵也可以运用在你的个人生活中。在个人生活中，象限 1 的例子可能是哭闹的婴儿、紧急医疗情况或者烤箱里燃烧的东西。

象限 2：重要但不紧急

象限 2 的任务是"决定何时去做"的任务，因为它们会对你的生活有惊人的影响，它们似乎并不特别紧急，并不需要像象限 1 里的任务那样必须马上处理。

简单地说，象限 2 的任务通常与你的长期目标有关。在理想的世界里，这是你最想投入大量时间的地方。但不幸的是，这也是最容易被忽视的区域，因为你过于关注其他象限的优先事项了。

这些任务的例子是什么？嗯，运动对你的健康很重要。还有，花时间和家人在一起，或者致力于获得一份能改善你职业生涯的证书。通常，没有人催促你完成象限 2 的活动，所以很容易让这些任务半途而废。

象限 3：紧急但不重要

象限 3 的任务是"授权性"的任务，因为虽然它们看起来很紧急，但它们常常可以通过自动化方法完成，或授权给更合适的人去处理它们。

这是那些事后看来并不重要的任务的象限。当别人要求你做一些对你没有直接益处的事情，或者并不能让你更接近自己目标的事情时，常常会出现第三象限的任务。对于象限3的任务，学会并且记得如何授权某些事情是很重要的。

当你认为某事很紧急，但其实它并不紧急的时候，通常都是由外部的干扰源引起的。比如，检查你的电子邮件或电话，或者尽快回复某个想联系你的人。你在当时可能认为是紧急的，所以你停下你正在做的事情来处理这些问题，但是回想起来，它们并不是那么紧要。

如果你正在处理一个项目，电话响了，接听这个电话对你来说并不重要。因此，你可以将此任务委托给其他人。电话的铃声听起来很紧急，但像这样的任务通常可以由其他人来处理。别担心，我们将在后面讨论一下方法。

象限4：不重要也不紧急

象限4的任务是应该"删除"的任务，因为它们是你无论如何也要避免的活动。它们纯粹是在浪费你的时间。如果你能够尽早地识别和消除第四象限的所有任务，那么你就可以释放出更多的时间，再次投入到第二象限的任务当中。

一些象限 4 的任务例子包括玩视频游戏、看电视节目、随意地浏览网页，或者是作为义务完成其他人的优先事项。

这是否意味着第四象限中的事情不应该成为你生活的一部分？

简单来说是这样的。

在你的职业和个人生活之间保持平衡是很重要的，而休息时间有助于你恢复精力。这里的挑战是把大部分时间花在第二象限，那么就需要在第四象限有足够的时间来放松。

如何使用艾森豪威尔矩阵克服拖延

关于开始使用艾森豪威尔矩阵，我推荐一个简单的练习。

- 打印出免费指南网页上的列表，或者自己创建一个列表，将其划分为前面描述的四个部分。
- 为每个星期都复制七份空白表格。
- 每天写下你想完成的任务，把它们放在适当的象限内。
- 每当有新事务出现时，花一两分钟时间考虑一下任务的性质，并把它放在适当的象限。
- 当本周结束，所有的格子都填满后，评估一下你花费了多少时间，以及流程是否需要重新组织。继续调整你的时间表，直到你花尽可能多的时间来完成象限 1 和象限 2 的活动。

不要担心，如果一开始你发现你的大部分时间都花在了"反应模式"上，就把主要精力集中在象限 1 和象限 3 的紧急活动中。

专注于有最后期限的事情上是很正常的。但是如果你继续用这个矩阵来跟踪你的任务，问问自己为什么要做每一项活动，然后重新设计你的时间表，你会发现把每天都安排在对你的长期成功影响最大的任务上并不难。

练习 6　立即完成快速任务

你有没有拖延一个不需要太多努力的任务？比如饭后清洗盘子、打个电话、查找电话号码，或发送电子邮件？你知道完成这件事不需要太多的努力。但你总是因为太忙而推迟，或者你认为你没有时间去做。

这种情况经常发生，因为我们无法完成那些看似很小的、不重要的任务。忽视那些很容易解决的活动，会使得这些任务在我们的印象当中，变得比实际更艰难。另一方面，如果你学会在小任务上立即采取行动，那么你就可以防止它们堆积起来。有两种策略可以帮助你做到这一点。

首先，戴维·艾伦在《搞定：无压力工作的艺术》一书中推荐了两分钟法则（Two-Minute Rule）。如果你知道一个任务只需要几分钟，那么就马上做，而不是把它写在你的待办事项清单上，或者承诺以后再做。

每当你想到需要完成的事情时，问问自己："这需要多长时间？"

如果只要一两分钟，那就马上去做，而不是推迟。你会发现，坚持这样做会消除你有一个冗长的任务列表需要完成时所产生的消极情绪。

另一方面，如果一项任务需要超过几分钟的努力，那么就把它放在你日程表上，并安排好你能处理的时间。

第二种策略与两分钟法则密切相关，是采用"一次性处理（single-handle）"来完成每一项任务。想想你打开一封电子邮件之后，你意识到自己没有时间完成这封邮件所需采取的行动，所以你把它推迟到"以后"。然而，当"以后"到来时，你打开相同的信息，再次阅读，然后想起这封邮件需要采取一个后续行动。

拖延心理学（行动版）
THE ANTI-PROCRASTINATION HABIT

一次性处理可以消除由于拖延小任务而产生的压力，因为它会推动你完成已经开始的任何任务。这个策略包含的意思是，每当你开始某事，你就需要看到它的结果。

下面有一些例子。

- 当你打开邮件时，就回复邮件，或安排好处理邮件所需的具体行动。
- 饭后冲洗盘子并放入洗碗机，而不是把它放在水槽里。
- 当你收到垃圾邮件时，立刻将它放入回收站。
- 收拾好你穿过的衣服，而不是把它们扔在椅子上。
- 每当你收到语音邮件时立即回复电话。

当你面对每天的任务，感到不知所措时，很容易拖延，但是如果你花费额外的一两分钟完成一个简单的任务，你会发现很容易就能消除由大量的小任务所带来的压力。

练习7　为挑战性任务创造一个小习惯

正如我们讨论过的，导致人们拖延的一个原因是，他们知道一项任务需要艰苦的工作。你需要在精神上（或身体上）对自己施加压力，所以你总是推迟，或者做一些能瞬间满足你的多巴胺冲动的其他事情。避免做你认为可能会不愉快的事情是很正常的。但是，如果你经常为开始一项具有挑战性的任务而挣扎，那么一个快速的解决方法就是使用小习惯（mini-habits）策略。

"小习惯"是我的朋友史蒂芬·吉斯（Stephen Guise）在他的同名书中创造的一个术语。小习惯的目的是消除你在开始一项困难（或费时）任务时所感受到的阻力。在日程表里安排进去一个活动（比如跑步一个小时）很容易，但是当你感觉不到兴趣的时候就很难完成。

小习惯之所以奏效，是因为它在等式中去除了动机这个因素。并非设置一个非常具有挑战性的目标，而是设定了一个"较低"的目标，这样，它的开始就变得超级简单。让我们看看下面几段话所描述的场景，能对这一点进行说明。

想象一下你设定了一个锻炼 30 分钟的目标。第一周，一切都很完美，你加入了一个健身房，参加了几节课程，享受频繁锻炼带来的内啡肽冲击。

有一天，你的老板要求你工作到很晚，所以你不得不放弃你预约的课程。你告诉自己，"没关系，我明天就去做"，但是在你的想法后面，你开始怀疑这个新的锻炼习惯的承诺。

这种模式在接下来的几周里会重演，你会因为各种原因而缺课，如你的孩子得了流感、你没有收拾你的运动服、道路上覆盖着积雪、你必须给你的猫洗澡。突然，这30分钟的锻炼时间变成了一个不可能始终如一完成的任务。糟糕透了，不是吗？

小习惯的概念可以预防这种情况的产生，因为它消除了当你认为一项任务太难完成时所产生的不知所措的感觉。引用史蒂芬的话：

> 当人们试图改变时，他们通常试图获得积极向上的变化，无论你多么想要改变，你仍然没有改变！由于动力减弱，所以进步停滞。你不需要太多的动力，你需要一个能把你当前的能力发挥到更好的策略。

换句话说，创造一个持久变化的最简单、最有效的方法是设定一个看起来太容易完成的目标，实际上确实也可以很容易坚持完成。

所以，如果你发现自己经常拖延某个特定的活动，那么就创建你能想到的最简单的目标来推动自己开始。下面是几个例子。

- 想开始写作？设定一个写一个句子的目标。
- 想更多跑步吗？设定一个穿上运动服的目标。
- 想提高你的销售记录吗？设定一个拿起电话、打第一个电话的目标。
- 想提高你的成绩？设定一个花五分钟复习笔记的目标。
- 想要改善你的营养吗？设定一个吃一口沙拉的目标。

我承认这些目标看起来简单得有些可笑。但重点是，不管你的日程表是什么样的，每一项活动都是完全可行的。如果你能推动自己做的仅仅是个开始，那么你会发现自己做的事情常常比你最初预想的要多。

练习 8　为进行中的项目建立大象习惯

以前我们都听过这样建议："怎样吃掉一头大象？一次吃一口。"

这个理念就是，每当你面对一个庞大而复杂的目标时，你所需要做的就是把它以小块的形式处理掉。

不幸的是，许多人并没有把这种心态应用到他们的生活中。当他们被迫处理大型项目时，他们就开始拖延甚至完全逃避，因为这些任务看起来似乎是无法应付的。

另一方面，你可以利用我所说的"大象习惯"逐步完成任何一个大型项目，这一习惯在我所著的《习惯积累：127个小改变，提升你的健康、财富和幸福感》（*Habit Stacking:127 Small Changes to Improve Your Health，Wealth and Happiness*）一书中做了详细的讨论。

当我们被迫完成一个潜藏着不愉快的大型任务时，自然会产生抗拒，大象习惯就是用来克服这种抗拒感的。我们知道必须要做，但我们避免开始，因为奉献几天时间听起来就像进行根管治疗一样棘手和痛苦。幸运的是，大象习惯会帮助你一步一步地完成项目。

这里的目标是一个简单但耗时的项目，你可以每天用5到15分钟的时间逐步来完成。你可以用类似这样的方法完成你待办事项列表中许多较大的任务，例如：

- 整理你的家；
- 打包，搬家；
- 安排你的文案工作（如为税季做准备）；
- 为了一次考试而学习；
- 完成一项耗时的家庭作业；
- 阅读一本难以读懂的书。

每当要面对不愉快的事情时，我就会使用大象习惯，而不是把它作为一个可怕的经历，留在脑海中。完成项目过程中，我通过每天安排一个 15 分钟的时间单元来逐步克服我的惯性。通常，这会附在我早上的日常工作后，或成为现有诸多习惯中的一部分，我们将在第 8 章中予以介绍。

大象习惯和我们刚才讨论过的小习惯有着相似的框架。当你告诉自己一项任务只需要占用你五分钟的时间，你就更容易说服自己开始工作。并且一旦开始，你将会发现自己做得比原计划的还多。

练习 9　使用冲刺来应对富有挑战性的项目

聪明的工作者在克服拖延倾向时，往往会把他们的努力凝结成短暂的"冲刺"，并用一个计时器来跟踪它们。这个办法是工作很短的一段时间，然后让自己去休息一下。冲刺的好处是当你知道有一个明确的起止点的时候，你很容易让自己开始。一旦你完成一次冲刺，你可以迅速休息一下，然后开始第二次冲刺。

我推荐的这些完成冲刺的策略是一个称为番茄工作法（Pomodoro Technique）的系统。番茄工作法是一种流行的时间划分系统（time-blocking system），由弗朗西斯科·西里洛（Francesco Cirillo）在 20 世纪 80 年代提出，已经受到许多企业家和工作效率专家的欢迎。

西里洛认识到，人类在分心之前集中注意力的时间长度是有限的。他发现最好是建立一个系统，让人们在一个时期内全神贯注，然后在开始下一个冲刺之前主动休息一下。

他在见到一个流行的看起来像番茄的厨房定时器之后，便给他的工作技巧进行了命名（因此得名番茄工作法）。定时器的使用方法就像任何老式的厨房定时器一样，西里洛对时间划分进行实验，直到他发现最有效的划分时间单元的方法（为了提高劳动产出的效率）。

当使用番茄工作法时，你应该：

- 选择一项任务，如写作；
- 在一个计时器上设置 25 分钟；
- 工作 25 分钟而不要有任何分心；
- 起来走走，休息 5 分钟；
- 重新工作 25 分钟；
- 在每四个时间段之后，休息 15 到 30 分钟。

你可能认为这项技术不如不间断地工作有效。但是回想一下那些你试图在通过延长时间来完成任务的经历。十有八九，你最初感觉精力充沛，然后到了某个阶段你的注意力开始下降。最后，可能会觉得除了当前的任务之外，干什么都行。

番茄工作法可以防止这些干扰，因为它会让你精神抖擞，并保持专注。有了预定的休息时间，你有机会休息几分钟，放松一下。即使你工作的时间少一些，你工作内容的质量也通常会好于类似马拉松结束时所完成的。

如果你对番茄工作法感兴趣，你可能会想要下载下面的某个应用程序：

- 团队 Viz（Team Viz）：一个可以在你的电脑和手机之间进行同步的应用程序；
- 使用快速的兔子（Rapid Rabbit）进行番茄时间管理（苹果手机和苹果平板电脑的应用 App）；
- 番茄工作法计时器（电脑用户）；
- 番茄工作法（苹果电脑用户）；
- 番茄工作法（安卓用户）。

当涉及时间划分时，你选择的时间实际上取决于你的个人偏好。我喜欢番茄工作法是因为它有一个很好的对称性。工作

25分钟然后休息5分钟，加在一起总计为30分钟。你可以以30分钟为时间单元来安排每天的日程表，并使用这些冲刺完成你通常会拖延的、富有挑战性的任务。

练习10　建立非舒适习惯

你可以用来永久克服拖延症的最佳策略之一就是变舒适为不舒适。掌握这项技能可以让你做任何事情。你可以停止拖延，开始通过锻炼养生、健康饮食、获得学位、公开演讲，来应对生活中的挑战。

事实上，大多数人会选择避免感到不舒服。仅仅是想到努力工作或经历某种程度的痛苦，人们就不会去改变他们原来的习惯。

例如，许多人选择久坐不动的生活，因为运动需要付出太多的努力。整天坐在桌子旁边或者躺在沙发上更加容易一些。现在，锻炼不是折磨，而只是需要付出一些努力，以及自愿体验一些不适感。

同样，当人们试图丢开他们的垃圾食品，开始健康饮食时，他们经常会发现盘子里的新食物平淡无味，激不起食欲，没有满足感。改变使你的味蕾有点不舒服，但说实话，如果你愿意体验一点小小的不适，那你就可以重新训练你的味蕾。

不舒服并不是坏事，只是做一些本不属于你日常生活一部分的事情。当人们避免不适时，他们付出的代价是无法让自己的生活发生改变的。没有健康的生活，不能开始新的冒险。

这里要记住的重要一点是，有一点不舒服感是健康的。如果你愿意先给自己一点压力，实际上你可以把自认为可怕的事情变成一种愉快的习惯。让我们来谈谈如何做到这一点。

如何掌控不适感

如果你选择掌控不适感，你就可以舒服地完成任务。虽然这听起来有悖常理，但这意味着你按自己的速度和步调完成任务，每次只做一点点。如果你对自己的不舒服感到紧张，尝试用令人过度疲劳的活动来敲打自己紧张的神经，那么很有可能你会放弃，回到你熟悉的地方。

以下是在里奥·巴伯塔（Leo Babauta）的一篇题为《非舒适区：如何掌控世界》（*Discomfort Zone: How to Master the Universe*）的文章中提出的成功的五个步骤。

1. 选择一项容易的任务。从小事做起。如果你的目标是提高你的活动水平，那就开始每天户外步行 30 分钟。你已经知道如何走路，所以这不会给你每天都做的事情增添任何难题。不要担心你的步速或你能走多远，走就行了。

2. 只要做一点。如果你不想从你所不习惯的 30 分钟开始，那就从五分钟开始。不管你选择从哪里开始，只要确定你做了就好。

3. 逐渐把自己从舒适区推开。当你想停下来的时候，把自己推得更远一点。从开始一直坚持到不舒服的结束，这样你就会习惯这种感觉，并且观察这种感觉是如何产生的，又是如何消失的。每次你回去尝试做某事，再一次通过这个不舒服的阶段来帮助你逐渐学会如何舒适地离开舒适区。

4. 注意自己的不舒适。当你感到不舒适时对你的想法保持关注。你是否开始有消极的念头，或者在头脑中默默地抱怨？你是否开始寻找出路了？如果你容忍这种不舒适感，并以自己的方式度过它，你的想法会发生什么变化？

5. 微笑。学习如何在不舒适的时候微笑，可以帮助你在不舒适时感到开心。微笑向你的大脑传达一个信息：你很快乐，一切都很好。它还向其他人传送这种信息：你对自己所做的事情充满信心，这也会让你感觉更舒服。

一旦你的感觉从不舒适变成舒适，你就可以建立起精神意志力来开始一项新任务，即使是在你开始想拖延的时候。

练习容忍不适感就像锻炼肌肉。如果你在工作上经常接受不适感，你会意识到开始任何任务并不像你想象的那么糟糕。即使你害怕开始一个任务，那么就挑战一下自己，做上五分钟，你可能会发现它并不像你预想的那么糟糕。

练习 11　用意识习惯移除隐藏的障碍

我从里奥·巴伯塔的《建立对强烈拖延欲望的意识》（*Building Awareness of the Procrastination Urge*）一文中所学到的珍贵经验是，打败拖延症最简单的方法之一就是建立他所谓的意识习惯。

有关拖延症的最大挑战是人们常常不知道自己正在拖延。所以，建立掌握自己拖延冲动的习惯，是一种简单的预防拖延的方法。

以下是巴伯塔推荐的一些技巧。

- 创建提醒。在纸上写下你对自己的提醒，并把它们放在你通常拖延的地方。你甚至可以在你的电脑或手机壁纸上创建一个提醒消息，使用像"注意！"这样的短语作为提醒，提醒自己不要拖延重要的事情。
- 使用标记符号。随身携带一个小记事本和一支笔。在这一整天里，当你发现自己有拖延的冲动时，只需在纸上做一个次数标记。这些标记并不一定必须是好事或坏事；相反，对你来说它是一种帮助你意识到拖延欲望的方法。

- 每天完成记录日志。最后，在一天结束的时候，你应该把保持对拖延冲动的意识这一习惯作为你成功完成的事情。像其他习惯一样，你应该掌握有关自己一整天都在保持这一习惯的事实。

一旦你养成了对你的拖延状况提出问题的习惯，你就可以使用这些信息，立即着手处理你可能存在的给你带来限制的信念。

要开始这一部分，问问自己如下问题：

- 我有什么理由推迟这项任务？
- 为什么我会觉得这难以做到？
- 我过去成功完成了多少次？
- 开始前，我该做点什么？
- 为了开始，我现在可以做的最简单的步骤是什么？

认识到你在特定的任务上的拖延是打破拖延的最好方法。当你养成这样的意识习惯时，你会开始认识到导致你跳过一项活动的特定模式和触发器。那么你所需要做的就是制订一个计划，无论何时你感受到拖延的诱惑时，你都可以按照这个计划进行反应。

练习 12　将奖赏捆绑在行动上

在一篇题为《如何用"诱惑捆绑"来阻止拖延，提升意志力》(*How to Stop Procrastinating and Boost Your Willpower by Using "Temptation Bundling"*) 的博文中，詹姆斯·克利尔明确谈到一个叫"诱惑捆绑"的概念，这个概念来自凯蒂·米尔克曼（Katy Milkman）的著作。这个观点很简单：你需要创建一个规则，只有在你参与了一项对你的生活有长期积极影响的活动时，才允许你自己享受一段特别愉快的经历。

在这篇文章中，克利尔描述了诱惑捆绑的例子。

- 只在你锻炼的时候，才能听有声读物或你喜欢的播客。
- 只能在处理被延误的工作邮件后，才能做一个足部护理。
- 只有在熨烫衣物或做家务后，才能看你最喜欢的节目。
- 只有在与难相处的同事每月开会期间，才能去你最喜欢的餐馆用餐。

实施诱惑捆绑策略很简单。只需创建一个有两列的表格：

拖延心理学（行动版）
THE ANTI-PROCRASTINATION HABIT

1. 在第一栏中，写下你喜欢并乐于参与的所有活动。

2. 在第二栏中，记下你经常拖延的任务。

你会发现诱惑捆绑对于那些重要而非紧急的第二象限任务来说是完美的。这些事情是你知道你应该做的但一再被你推迟的，因为它们似乎没有你日常活动那么紧急。

通过为与长期目标相关的习惯附加少量奖赏，你就为那些让你常常觉得折磨人的活动增添了一点乐趣。

练习 13　将所有任务和目标相关联

令人惊讶的是，观点的转变也能够给你带来足够激励。当你面临一个一直不愿意做的任务时，问问自己："这与我的某个重要目标有何关系？"

可能你会意识到，即使最平凡的活动也与你珍视的价值相关。

举个例子，虽然洗碗对我而言并不是让我感到愉快的活动，我也不会每天都对自己说："哦，我等不及要去洗碗啦。"即便如此，我还是会很高兴地去做这些事，因为这项任务是我与妻子建立良好关系这一重大的、真正非常重要的价值观的一个部分。她喜欢生活在一个清洁的、有条理的家庭环境里。我喜欢让她开心。这意味着洗碗已经成为维持高质量的婚姻这个重要目标的一部分。

你可以把这种思维模式应用到你一直回避的任何任务上。只需列出你个人的和职业的职责清单，然后将每一项关联到一个重要的价值或目标上。当你没有心情开始的时候，提醒自己，它与你的长期目标有怎样的关系。

练习14　为你的任务创建问责机制

你可能听说过惯性定律（也被称为牛顿第一运动定律）。如果没有听说过的话，那么这个定律可以表述为："静止的物体保持静止，运动的物体以同样的速度和方向运动，除非受到不平衡力的作用。"

换句话说，如果你的自然倾向是在一天开始工作之前闲逛，那么你就需要额外的"推动力"来迫使你采取行动。人们经常拖延，因为什么也不做比推动自己做一件潜在的不愉快的事情更加容易。

这就是我学到的关于习惯发展的最大经验之一，为每一个主要目标增加责任。

仅仅做出个人承诺是不够的。生活中的大事需要一个坚实的行动计划和一个支持网络，每当遇到困难时都能够加以利用。这对你的职业轨迹和个人发展都是正确的。当有人为你的成功而欢呼（或在你松懈的时候踢你的屁股）时，你就不太可能放弃。

有很多种方法可以对此进行说明，比如把你的进步发布在社会媒体账户上，或者把你新的日常活动安排告诉你周围的人，我发现有三种策略可以获得最好的结果。

首先是使用 Beeminder 程序，这是建立在刺激激素基础上帮助建立习惯的应用程序。这个程序并不是依靠自我报告来追踪你的习惯，而是同步你手机中的各种应用程序（如 Gmail、Fitbit 和 RescueTime）来确保你遵循了你的承诺。如果你未能达到目标，那么 Beeminder 就会收你的钱。赤裸裸的刺激，对吧？

在我看来，使用 Beeminder 最好的方式是当你在健身房时，使用手机上的定位服务，并且与 Beeminder 创建一个"承诺合同"——每周到这个位置多长时间。如果你没有坚持做到，你就要付钱给 Beeminder。

其次是选择使用 Coach.me，它是另一个非常好的维护和坚持新习惯的应用程序。无论怎样，它就像装在你口袋里的一名教练。你要对你的任务负责，把它作为一种习惯，并每天在完成后进行检查。相信我，只要知道你必须让人们了解到你最新取得的进步，这个简单的行动就足以推动你一直坚持习惯养成的种种日常行为。

最后，你需要和负责任的伙伴（一个能够分享你的突破、挑战和关于未来计划的人）合作。当你感觉到动力减弱时，这是一个很好的鞭策自己的方法。当你遇到挑战需要另一种意见时，也需要有一个你可以信赖的人。

如果你有兴趣寻找未来负责任的合作伙伴，请务必查看我在 Facebook 的群，这个群里有 2000 多名成员。每个月，我们会创造一些联系机会，让这些成员可以相互联系，成为负责任的伙伴。

> **学以致用 7**
>
> ### 进行 14 项日常练习克服拖延症
>
> 克服拖延是每天的斗争，需要你时刻采取行动——即使某个特定的活动是你最不愿意做的事情。这就是为什么我建议使用 14 种方法来帮助你避免拖延每日任务。
>
> **练习 1　处理任何潜在的紧急情况**
>
> 通过回答一系列的问题（并采取行动）来解决所有潜在的紧急情况：
>
> - 如果我忽略这个问题，最坏的情况是什么？
> - 这种潜在的紧急情况会对我的朋友和家人产生什么样的负面影响？
> - 我能推迟哪些不那么重要的任务或职责来处理这个潜在的紧急情况呢？
> - 我今天可以采取哪些简单的行动来解决这个问题？
> - 如果它不是一个致命性的问题，我今天也没有时间去解决它，最快我什么时候能够处理它？
>
> **练习 2　做一个 5 到 10 分钟的每日回顾**
>
> 每天进行 5 到 10 分钟的回顾，以确保你每天都能够专注于正确的事情：
>
> - 在既定的时间内，我要去哪里赴约或开会？
> - 有没有需要立即处理的紧急电子邮件？
> - 哪些特定的任务会涉及我每天安排的分批处理任务或时间单元，我能完成吗？

> **学以致用 7**
>
> - 是否有预约或活动可能比预期的要长？如果这真的会影响到另一个任务的时间，这将如何改变我的时间表？
> - 对我的长期成功有最大影响的 80/20 任务是什么？
> - 每项任务如何与我的季度 SMART 目标相关联？
> - 我所害怕的最难、最具挑战性的任务是什么？
>
> **练习 3　关注最重要的任务**
>
> 通过完成 2~3 个最重要的任务来开始你的一天。这些活动将对你的事业和个人生活产生最大的长期影响。
>
> **练习 4　吃掉青蛙**
>
> 通过首先完成最艰巨的任务来吃掉青蛙，这些任务最好是你知道你最可能拖延下去的任务。
>
> **练习 5　使用艾森豪威尔矩阵迅速做决定**
>
> 使用艾森豪威尔矩阵快速决定你所能从事的每一项新活动。
>
> **练习 6　立即完成快速任务**
>
> 通过应用两分钟法则对小的任务采取行动，以及采用一次性处理完成大部分日常任务。
>
> **练习 7　为挑战性任务创造一个小习惯**
>
> 通过设置一个"较低"的目标，为挑战性任务创造一个小习惯，使它的开始变得非常简单。
>
> **练习 8　为进行中的项目建立大象习惯**
>
> 通过每天增加 5 到 10 分钟的工作量来完成艰巨的任务，一步步"吃掉你的大象"。

> **学以致用 7**
>
> **练习 9　使用冲刺来应对富有挑战性的项目**
>
> 使用番茄工作法在连续的大型项目中进行工作冲刺。你应该:
>
> - 选择一项任务,如写作;
> - 在一个计时器上设置 25 分钟;
> - 工作 25 分钟而不要有任何分心;
> - 起来走走,休息五分钟;
> - 重新工作 25 分钟;
> - 在每四个时间段之后,休息 15 到 30 分钟。
>
> **练习 10　建立非舒适习惯**
>
> 通过把舒适变得不舒服来构建非舒适习惯。这会增加你个人对完成挑战性任务的容忍度。
>
> **练习 11　用意识习惯移除隐藏的障碍**
>
> 使用意识习惯来识别你可能拖延的迹象。
>
> 问问你自己这样的问题:
>
> - 我有什么理由推迟这项任务?
> - 为什么我会觉得这难以做到?
> - 我过去成功完成了多少次?
> - 开始前,我该做点什么?
> - 为了开始,我现在可以做的最简单的步骤是什么?
>
> **练习 12　将奖赏捆绑在行动上**
>
> 把奖赏与行动捆绑起来,创建一个规则,只有当你做了对你长远目标有益的事情时,才让你在特定的愉快经历中得到满足。

学以致用 7

练习 13　将所有任务和目标相关联

把你个人的和职业的职责列在一个清单上，给所有任务附加上重要的价值或目标，将所有的任务和目标相关联。

练习 14　为你的任务创建问责机制

使用问责机制来确保你完成任务，避免拖延。有三种策略可以帮助你做到这一点。

首先，如果你没有完成一项特定活动，就使用 Beeminder 收取你的费用。其次，加入 Coach.me，使用这个应用程序来检查你所养成的某个与你的重要目标相关的习惯。最后，跟能与你分享你的突破、挑战和未来计划的负责任的伙伴一起工作。

第 8 章　制订克服拖延的游戏计划

在前面的几章中，我们已经涵盖了大量的内容。有时，这些建议要求你完成一次性的、简单的操作；其他时候，我建议你养成习惯，帮助自己在持续的（基础上）克服拖延；偶尔，我会要求你做出积极的决定来消除你生活中没有作用的东西。

简单地说，对抗拖延习惯需要你自己付出一些努力。

我们的挑战是知道应该如何开始。

所以，在这最后的一步中，我将用一个循序渐进的计划来总结你所学到的一切，你可以用它来永久地消除你的拖延倾向。

这一步需要分解成四个核心任务来完成。

1. 一次性的行动。构建一个框架，识别你生活中哪些事情是重要的、哪些是不重要的。
2. 如何安排每周的回顾，帮助你把精力集中在未来七天需要完成的事情上。
3. 使用我的习惯积累概念中的13步行动计划与日常拖延做斗争。
4. 每当你感到有推迟重要任务的冲动时，你可以做那些对抗拖延的练习。

是的，本章中讨论的大多数概念已在前面章节中讨论过，但你在以下内容中获得的是如何将你学习的知识转化为一个简单的可靠行动计划。

任务1 完成四个一次性练习

打破拖延循环的一个有效方法是弄清楚你当前的优先事项。正如我们所讨论过的，人们拖延的主要原因之一是，他们常常觉得被大量的个人和职业职责所淹没。

你可以通过完成四个一次性练习（详见表8-1）来对抗淹没感。

表 8-1　　　　　　　　四个一次性练习

练习	时间要求
1.写下你当前的任务以及你在明年想做的任何活动,将此列入类似简洁日程这样的应用程序,或总是在你手边的日志中	30~60 分钟
2.确定你的核心价值和重要目标。这些价值或目标应该与那些让你感到快乐的活动、最有活力的经历,以及丰富你的生活的人相关联。使用有价值的词语作为它们为什么重要的提醒	30~60 分钟
3.确定你的五个核心项目。通过简单记录下一年你可能关注的 25 个项目或者活动,然后缩减这个列表直到你选择五个项目。承诺在下个季度开展这五项活动,并对与这些目标相冲突的任何事情说"不"	30~60 分钟
4.为五个核心项目中的每一个设定每三个月的 SMART 目标。每个目标都应该有一个特定的结果和你应该达到目标的最后期限。当你感到困惑或者你想知道一项任务是否适合你的季度计划时,就把这些目标作为指导方针	30 分钟

任务 2　安排每周的计划时间

你的每周日程表将成为拖延和日常工作所造成的淹没感的最佳防御手段。每周回顾不仅让你能够全面了解所有你需要完成的任务,还能提供一个现实的视角来看看你的每个七天实际有多少时间。

为了完成这项任务，你需要每周安排 60 分钟的时间（最好是在星期五或星期日）。在这段时间内，你将要完成以下五个行动。

行动 1　回答三个问题

通过回答以下三个基本问题来确定什么是值得你关注的：

1. 我个人的义务是什么？
2. 我的优先项是什么？
3. 这个星期我有多少时间？

行动 2　将 80/20 法则应用于你的日程安排

将 80/20 法则应用到你的日程表中，花尽可能多的时间专注于能够产生重要结果的行动。一定要在其他事项之前先安排好这些。

行动 3　在日历上划分时间

在你的日历上划分时间，为你的优先任务、个人爱好安排好时间，并且留出"弹性时间"，应对本周突然出现的新的机会，或者任何紧急情况。

行动 4　练习分批处理，创建"主题日"

通过在特定的时间或者在主题日内，将相似的工作分成一组进行处理来练习批量处理任务。

行动 5　为深度工作留出时间

为深度工作留出时间，消除所有分散注意力的事情，并完全专注于需要深度集中的活动。

任务 3　构建一个反拖延的习惯积累程序

拖延是每天的斗争。即使你有一个完美的日程表，充满了你知道你应该做的事项，有时候也很难强迫自己在挑战性的任务上迈出第一步。这就是为什么我建议使用我的习惯积累的概念，在你的一天中建立一系列行动，这些在我所著的相关图书中都有提到。

习惯积累的概念建立在这样一个前提下，即很难将多种新习惯融入你的日常生活当中。所以，我建议：将小习惯合并到一个固定模式中，然后每天在特定的时间完成固定模式，而不是记住所有这些小习惯。你可以用一个简单的 13 步骤程序来完成所有这些过程（对于每一步骤的详细说明，我建议查看文章《建立习惯积累程序的 13 个步骤》中关于习惯积累的概述，文章发表在我的博客中）。然而，为了我们在这本书中的目的，我用缩略形式对这 13 个步骤进行简要的描述。

1. 确定你想改善的生活领域，并用五分钟时间的习惯作为开始。这有助于确保你能够坚持使用这个新程序来创建一致性。由于这是一本关于治愈拖延的书，我建议选择前面章节中提到的一些做法。

2. 通过挑选不需要太多意志力的简单习惯，比如服用维生素、称重或者回顾你的目标，并把注意力集中在小的胜利上。为了简化事情，我建议每天都要完成这些习惯。

- 从一个 5 到 10 分钟的回顾时间段开始你的一天，在这段时间里重温你的任务和安排。

- 确定 2~3 个最重要的任务，并承诺在完成任何其他任务之前先完成这些任务。

- 首先开始最难的任务，最好是你知道你最有可能拖延的任务。

- 对涉及任何与你自己设定的目标不完全一致的任务、项目或职责说"不"。

- 通过设置一个较低的目标，为挑战性任务培养一个小习惯，使其获得一个非常简单的开始。

- 通过每天递增 5 到 10 分钟的时间，一点一点地啃掉工作，

第 8 章 制订克服拖延的游戏计划
THE ANTI-PROCRASTINATION HABIT

为正在进行的项目建立大象习惯。

- 使用番茄工作法为大型的、具有挑战性的项目进行一系列冲刺。
- 对小任务采取行动,通过应用两分钟法则和一次性处理的方法应对绝大多数日常任务。

3. 当你想要完成反拖延的习惯积累,选择一个时间、地点或两者。理想情况下,我建议完成这个过程来开始新的一天,因为它将为你完成的任务以及如何处理这些随机的紧急情况设定基调。

4. 把你的任务堆积固定在一个触发器上,这是一种你每天都会自动完成的习惯,就像洗澡、刷牙、检查手机、打开冰箱或者坐在办公桌前。这很重要,因为你必须 100% 确定你不会错过这个触发器。

5. 创建一个逻辑清单,其中应该包括行动序列,完成每个项目需要多长时间,以及你将在哪里执行操作。

6. 通过使用像 Coach.me 这样的应用程序来跟踪你的进度,并且经常与责任合伙人交谈,与他分享你的突破、挑战和未来的计划。

7. 创造一些小的、令人愉快的奖励,帮助你坚持并达到重要的里程碑。这些奖励包括看你最喜欢的电视节目、吃健康的零食,或者放松几分钟。

8. 专注于每天的重复,不要错过任何一天。事实上,最重要的是坚持遵守常规，即使你需要跳过一两个习惯。一致性比其他任何东西都重要。

9. 通过消除错过任何一天的借口，避免打破这个链条。设定一个可行的日常目标，不管发生什么事都要实现，不要让自己陷入空谈。也许你会设定一个小目标，只要求你完成两到三个习惯。重要的是设定一个即使在休息日也可以完成的目标。

10. 期待偶尔的挑战或挫折。事实上，如果你认为挑战和挫折总会发生，并制订好计划处理的话，那样会更好。如果你陷入困境，回顾一下我们刚才提到的六项挑战，并针对对你来说你特别困难的部分采取措施。

11. 通过坚持执行每天、每周或每月的一系列行动，来安排积累习惯的频率。我的建议是从一个简单的一日常规开始，但是当你想养成更多的习惯时，增加每周或每月的任务。

12. 通过添加更多的习惯，增加惯例的总时间来扩展你的习惯积累。但对于这一步要非常谨慎。如果你发现开始这一系列习惯变得逐渐难以开始（也就是拖延），那要么减少习惯的数量，要么问问自己为什么想要跳过一天。你对自己的动力缺乏越了解，就越容易克服。

13. 一次只建立一个常规，因为每增加一个新的常规，都会增加你坚持当前习惯的困难性。只有当你感觉到所积累的习惯已经成为永久性行为时，才应该考虑添加新的常规。

这就是建立习惯积累的 13 个步骤，这将帮助你克服拖延的日常挑战。我不会说"任何时候战胜拖延都会变得很容易"那样的话，但是如果你坚持这些步骤，那么你就可以用你的方式迎接任何挑战了。

任务 4　挑战你每天的拖延倾向

即使是最富有成效的人，偶尔也会努力摆脱某些任务，尤其是你不盼望着某些事的时候。这就是为什么我建议你每当有拖延冲动的时候，使用以下六种方法。

1. 留出五分钟时间来评估你在一天中可能遇到的任何潜在紧急情况。如果你忽视它，想想最坏的情况。如果一件事产生灾难性后果的可能性很小，那么放下你正在做的事情，首先解决这个问题。
2. 使用艾森豪威尔矩阵快速决定每个新的时间占用需求。利用矩阵的四个象限来评估你所有的任务，这将帮助你认识到什么对你的个人和职业生活是真正重要的。
3. 如果你不断拖延具有挑战性的任务，那么需要建立非舒适习惯，因为这些任务不会像你的业余爱好或其他打发时间的方式一样，让你过得轻松愉快。

4. 使用意识习惯来识别你即将拖延任务的征兆。记录你每天出现这种征兆的次数，这样你就能认识到是什么触发了你推迟某些活动的欲望。

5. 利用诱惑捆绑创建规则，只有在你完成一个对你有长远利益的行动时，才可以允许自己体验到愉悦。

6. 通过把你的个人和职业职责列在一个清单上，将所有的任务与目标联系在一起。之后再给每项任务赋予一个重要的价值或目标。

现在，你有四项任务可以帮助你把你学到的所有知识转化成一个简单的行动计划。我建议你在下周每天留出 30~60 分钟来执行一次性任务。在那之后，我强烈建议你把我提到的日常生活中的常规习惯建立起来。

如果你把这个框架应用到你的生活中，你会发现面对拖延以及生活中的困难任务，采取积极的行动并不困难。

后记　关于战胜拖延症最后的想法

好了，战胜拖延症已经接近尾声。

你现在已经知道如何消除拖延的坏习惯，轻松处理所有挑战性的日常任务了。

表面上看，拖延似乎不是什么太大的问题。但是如果你放任它不管，也许有一天这种坏习惯会产生非常严重的负面后果。它可能会导致你错过一个重要的医学诊断，或者就像我真的有点蠢那样付一笔"愚蠢税"，或者没能与需要帮助的人沟通。

好消息是拖延不能控制你的生活。你现在有了一个行动框架，让你永远不允许那些重要的任务和活动从指缝中溜走。

现在一切都由你来决定。

> 拖延心理学（行动版）
> THE ANTI-PROCRASTINATION HABIT

当我们结束这场讨论时，我强烈建议你克服所有读者在读完一本书时都会遇到的阻力。换句话说，不要把这本书读完后，只是在亚马逊网站上留下一条好评，然后就转到下一个标题，我建议你要贯彻执行你刚刚学过的东西。

你可以通过完成我们刚才介绍的四项任务来迈出第一步。把日历上的一次性练习安排好，承诺每周做一次回顾，然后建立日常习惯积累防止你的拖延倾向。

当你专注于生活中重要的事情，只完成与这些目标相关的任务（不做其他任何事情）时，来源于拖延的所有问题就会消失。

当然，有些时候你会故态复萌。偶尔，你没能够完成预先安排好的当日任务。但是要提醒自己，失败和犯错是允许的，但一定要坚持计划！记住，坚持不懈是成功的真正秘诀之一。

只需致力于每天做一些小的改进。庆祝每一次胜利，并且对你最终克服一个常常阻碍你实现目标的坏习惯而感到兴奋。

祝你好运！

The Anti-Procrastination Habit: A Simple Guide to Mastering Difficult Tasks

ISBN: 978-1-97377-528-7

Copyright © 2017 by Oldtown Publishing LLC

Authorized Translation of the Edition Published by Oldtown Publishing LLC.

No part of this publication may be reproduced, stored in a retrieval system or transmitted in any form or by any means, electronic, mechanical photocopying, recording or otherwise without the prior permission of the publisher.

Simplified Chinese rights arranged with Oldtown Publishing LLC through Big Apple Agency, Inc.

Simplified Chinese version © 2019 by China Renmin University Press.

All rights reserved.

本书中文简体字版由 Oldtown Publishing LLC 通过大苹果公司授权中国人民大学出版社在全球范围内独家出版发行。未经出版者书面许可，不得以任何方式抄袭、复制或节录本书中的任何部分。

版权所有，侵权必究。

北京阅想时代文化发展有限责任公司为中国人民大学出版社有限公司下属的商业新知事业部，致力于经管类优秀出版物（外版书为主）的策划及出版，主要涉及经济管理、金融、投资理财、心理学、成功励志、生活等出版领域，下设"阅想·商业""阅想·财富""阅想·新知""阅想·心理""阅想·生活"以及"阅想·人文"等多条产品线。致力于为国内商业人士提供涵盖先进、前沿的管理理念和思想的专业类图书和趋势类图书，同时也为满足商业人士的内心诉求，打造一系列提倡心理和生活健康的心理学图书和生活管理类图书。

《逆商：我们该如何应对坏事件》

- 北大徐凯文博士作序推荐，樊登老师倾情解读，武志红等多位心理学大咖在其论著中屡屡提及。
- 逆商理论纳入哈佛商学院、麻省理工 MBA 课程。
- 众多世界 500 强企业关注员工"耐挫力"培养，本书成为提升员工抗压内训首选。

《专注力：如何高效做事》

在专注力越来越缺失的世界里排除一切干扰，学会专心致志地做事与生活。这本书将告诉你：

- 专注力在大脑中是如何产生的；
- 为何现在专心做一件事情如此之难；
- 如何在日常生活中重新集中注意力。